アジサイの教科書

編　日本アジサイ協会

緑書房

はじめに

ひと昔前に母の日の贈り物と言えば、カーネーションが一般的でした。しかし、最近はアジサイが好まれるようになってきています。5月の花屋の店先には、大きな花冠で色とりどりに咲き競うアジサイが所狭しと並べられています。そして6月に入ると、あちらこちらの公園やお寺などからアジサイの花便りが届けられ、楽しんでいる人も多いことでしょう。

私たちの身近にあり、誰しもが知っていると言っても過言ではないアジサイですが、実は、近年まではそれほど親しまれた花ではありませんでした。そんなアジサイを改良し、今日のように多くの人から親しまれるようになったのはつい最近のことなのです。また、アジサイは日本原産の植物であることも、あまり知られていません。

本書では、アジサイの植物学的な基本知識やルーツを紹介するとともに、多彩な顔を持つアジサイの図譜、アジサイと人とのかかわり、栽培や手入れの方法、さまざまな楽しみかたの提案など、多角的な視点からアジサイを解説しています。興味のあるページをゆっくり眺めるもよし、アジサイ鑑賞のガイドブックとして持ち歩くもよし。老若男女を問わず、本書を手にした多くの方がアジサイの美しさと奥深さを感じて、もっとアジサイに興味を持ってもらえることを願っています。

編集委員・執筆者一覧

［編集委員］

杉本誉晃	日本アジサイ協会 名誉会長
武井　帝（編集事務局）	園芸研究家／日本アジサイ協会
前田　悟	前田ナーセリー／日本アジサイ協会
平澤　哲	城ヶ崎文化資料館 城ヶ崎自生アジサイ保存園／日本アジサイ協会
座間由紀子	1級造園施工管理技士／日本アジサイ協会

［執筆者］

杉本誉晃	上掲
武井　帝	上掲
前田　悟	上掲
平澤　哲	上掲
座間由紀子	上掲
一江豊一	加茂荘花鳥園／日本アジサイ協会
吉田久美	愛知淑徳大学食健康科学部
瀬戸豊彦	風景写真家
二代 安達曈子	花芸安達流

目次

第3章 アジサイと人とのかかわり

第4章 アジサイを育てる

第5章 アジサイを楽しむ

Side Note

アジサイ Q&A

日本をはじめ世界中の庭園や公園、そして観賞用の鉢植えとして、美しい花や豊かな緑で人々の心を癒してくれるアジサイは、落葉性の低木およびつる性植物で、多くの種類があります。ここではQ&A形式でアジサイの特徴を簡潔に紹介します。

Q1

アジサイの花の特徴を教えてください

アジサイの最も特徴的な部分は、大きな花冠(花房)です。アジサイの花房は、小さな花が集まった「集合花」で、花房の形状はガクブチ咲き、テマリ咲き、ピラミッド(円錐)咲きなどがあります。装飾花も一重咲き、八重咲きなどのバリエーションが見られます。

花房の色は品種や土壌のｐＨによって異なり、青、紫、赤、ピンク、白、緑などさまざまです。

➡詳細は22ページ参照

ガクブチ咲き

テマリ咲き

Side Note 1

ガクブチ(額縁)咲き

本書を手に取っている皆さんなら、ガク咲きアジサイという呼称を見聞きしたことがあるでしょう。この「ガク」の由来は、アジサイの咲きかたの１つである「額縁咲き」から来ています。つまり、額縁で飾っている様子をたとえたものなのです。本書では日本アジサイ協会の方針にしたがい、ガクブチ咲きと表記します。

Q2
アジサイの葉には、どんな特徴がありますか？

アジサイの葉は一般的に対《たい》生《せい》*です。また多くの種類は葉が大きくて厚みがあり緑色をしていますが、ヤマアジサイなど葉が小さいものもあります。一部の品種では斑入りの葉や色の変化が見られます。

*対生：茎の節に2枚の葉が向かい合って付くこと。

➡詳細は24ページ参照

Q3
アジサイは本来どのくらいの大きさの植物ですか？

種類によって大きさは異なりますが、一般的に、樹高は1～3m程度に成長します。つる（蔓）性アジサイは這うことができ、気根を出して樹木や岩に絡みつきながら成長します。

➡詳細は第2章参照

Q4
アジサイが好む環境は？

アジサイは朝の日光を好みますが、西日は好まないため、できるだけ西日が避けられる場所で栽培しましょう。多くの品種は耐寒性がありますが、厳しい寒さに弱い品種もあります。

➡詳細は第2章参照

Q5
アジサイを育てるコツを教えてください

アジサイは比較的育てやすい植物で、適切な土壌で水やりをすれば美しい花を楽しむことができます。栽培ポイントの1つは適当な湿度を保つことです（乾燥した環境では花が咲きにくくなります）。

➡詳細は130ページ参照

アジサイ Q&A

Q6
アジサイの代表的な種類は？

アジサイには多くの種類がありますが、日本の代表的なアジサイは以下の4種類です。

- ・ガクアジサイ（*Hydrangea macrophylla* f. *normalis*）
- ・ヤマアジサイ（*Hydrangea serrata*）
- ・エゾアジサイ（*Hydrangea serrata* var. *yesoensis*）
- ・ノリウツギ（*Hydrangea paniculata*）

➡詳細は14ページ参照

ガクアジサイ

城ケ崎

花火アジサイ

ヤマアジサイ

クレナイ（紅）

土佐涼風

エゾアジサイ

エゾアジサイ

綾

ノリウツギ

アジサイ Q&A

Q7 アジサイはどこに自生していますか?

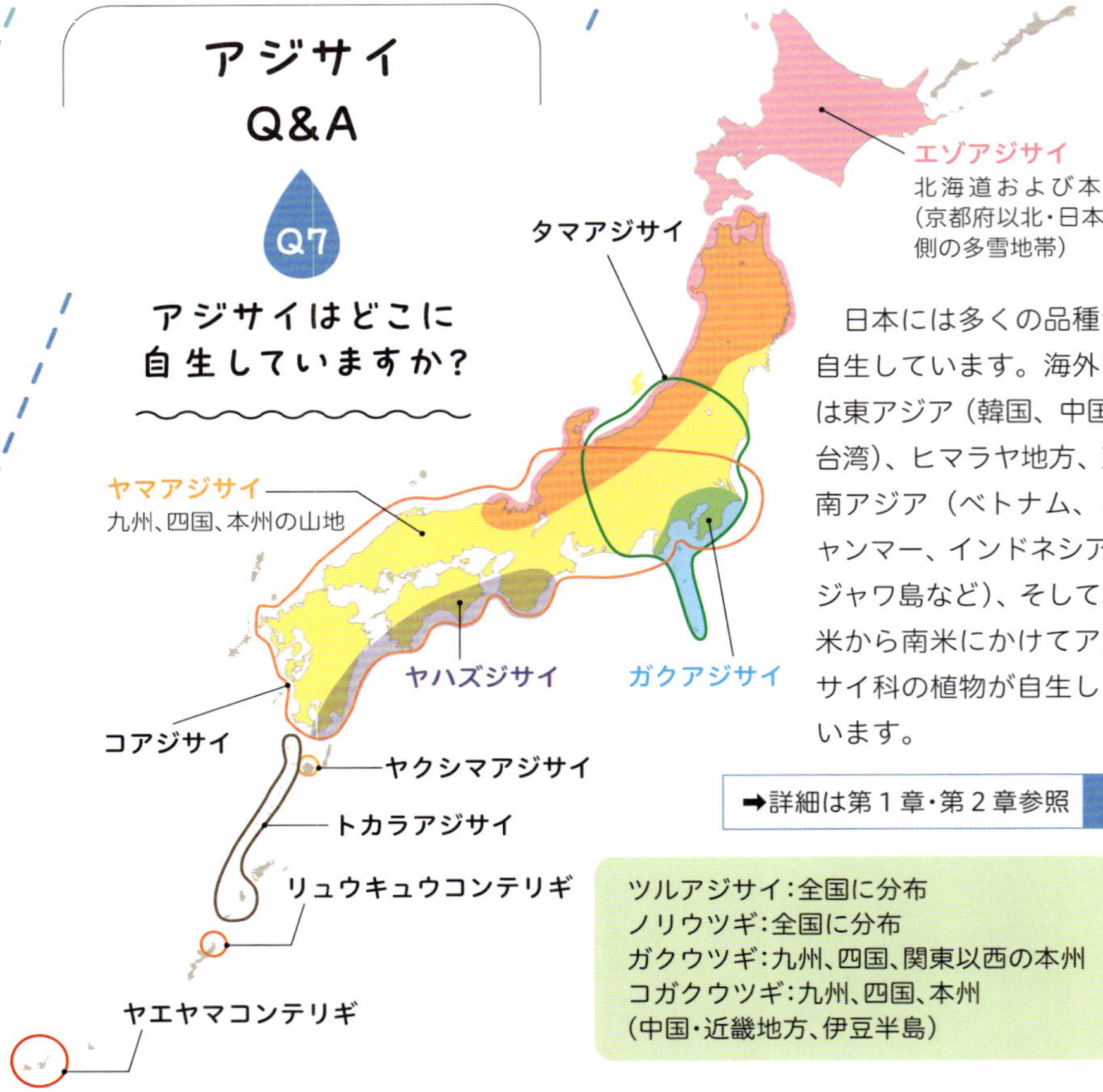

日本には多くの品種が自生しています。海外には東アジア(韓国、中国、台湾)、ヒマラヤ地方、東南アジア(ベトナム、ミャンマー、インドネシア・ジャワ島など)、そして北米から南米にかけてアジサイ科の植物が自生しています。

➡詳細は第1章・第2章参照

ツルアジサイ:全国に分布
ノリウツギ:全国に分布
ガクウツギ:九州、四国、関東以西の本州
コガクウツギ:九州、四国、本州(中国・近畿地方、伊豆半島)

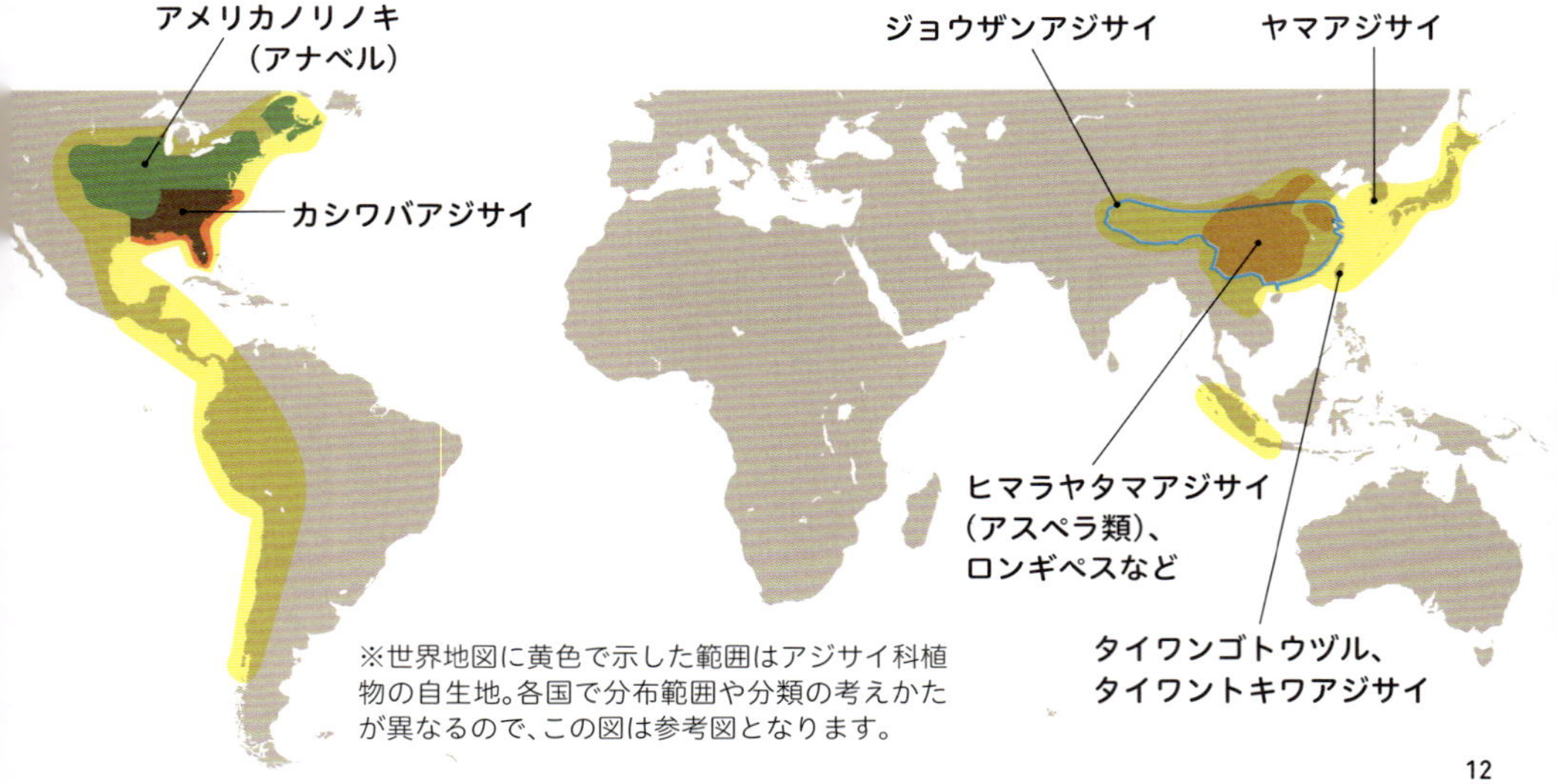

※世界地図に黄色で示した範囲はアジサイ科植物の自生地。各国で分布範囲や分類の考えかたが異なるので、この図は参考図となります。

第1章
アジサイって
どんな植物？

アジサイの種類

現在、アジサイ属には27種あるとされており、そのうち日本原産（日本種）は12種に分類されます。その中で私たちが園芸植物として観賞し、日本や海外で数多くの品種交配の元になっている主なものは以下に紹介する4種類です。

・ガクアジサイ

浜アジサイともいい、伊豆半島、三浦半島、房総半島、伊豆諸島、小笠原諸島に自生している。海岸性の大型アジサイで、葉は厚く光沢がある。

・ヤマアジサイ

沢アジサイともいい、本州、四国、九州までの山地に自生している。小型のアジサイで、葉は薄く光沢はない。地域差があって変化に富み、花色はまちまち。

・エゾアジサイ

本州の日本海側（豪雪地帯）から北海道の山地を中心に自生する。ヤマアジサイに比べ花も葉も大きく、色や形もさまざま。

・ノリウツギ

サビタ、ノリノキとも呼ばれ、全国各地に分布している。ミナヅキは、両性花がすべて中性花になり、ピラミッド状に咲くため観賞用として親しまれている。欧米では特に人気が高く、パニキュラータと呼ばれ、鉢物用としてコンパクトな品種の改良が進んでいる。

外国にもアジサイは自生しています。ヒマラヤ・チベット高原から中国東部・南部、韓国（済州島）、台湾、インドネシア・ジャワ島などの東南アジア、そして北米・中米から南米にも分布しており、新品種の発見も多く、その数は年々増えています。

北米の東部から東南部に自生するアメリカノリノキ（アナベル）やカシワバアジサイは日本のアジサイに花期が近く、日本でもよく知られています。中国、ヒマラヤ・チベット高原、ミャンマーのアジサイは葉が大きく樹高もあるタマアジサイ系に分類され、開花時期は夏から初秋にかけてです。日本の植物園やアジサイに特化している公園で見ることができます。中国などにはほかにもノリウツギやブレッチナイデリーなどが自生します。

アジサイの学名は*Hydrangea macrophylla*（Thunberg）Ser.で、アジサイ生物分類学的階級は、次のとおりです。

植物界 被子植物門 真正双子葉類 コア真正双子葉類 キク類 ミズキ目 アジサイ科 アジサイ亜科 アジサイ属 アジサイ節 アジサイ亜節 アジサイ（*H. macrophylla*）

現在、アジサイの分類は表1-1のようになっています。今後、新しいアジサイ科植物が発見され、増えることが予想されます。

表1-1 アジサイの分類

- アジサイ科（Hydrangeaceae）
  - アジサイ亜科（Hydrangeaceae）
    - アジサイ属（*Hydrangea*）
      - アジサイ節（*Hydrangea*）
        - アジサイ亜節（*Macrophyllae*）
        - コアジサイ亜節（*Petalanthe*）
      - 種間／属間雑種
      - ノリウツギ節（*Heteromalla*）
        - ノリウツギ亜節（*Heteromallae*）
        - アメリカノリノキ亜節（*Americanae*）
        - タマアジサイ亜節（*Asperae*）
        - ツルアジサイ亜節（*Calypilanthe*）
  - バイカウツギ亜科（Philadelphaceae）
    - バイカウツギ属（*Philadelphus*）
    - イワガラミ属（*Schizophragma*）
    - ジョウザンアジサイ属（*Dichroa*）
    - クサアジサイ属（*Cardiandra*）
    - バイカアマチャ属（*Platycrater*）
    - ギンバイソウ属（*Deinanthe*）
    - ウツギ属（*Deutzia*）
    - キレンゲショウマ属（*Kirengeshoma*）

【アジサイ亜科】

アジサイ属
　アジサイ節
　　アジサイ亜節
　　　├── ヤマアジサイ(*Hydrangea serrata*)
　　　├── ガクアジサイ(*Hydrangea macrophylla* f. *normalis*)
　　　└── ヤマアジサイの変種
　　コアジサイ亜節
　　　├── コアジサイ(*Hydrangea hirta*)
　　　├── ガクウツギ(*Hydrangea scandens*)
　　　├── コガクウツギ(*Hydrangea luteovenosa*)
　　　├── ヤクシマアジサイ(*Hydrangea grosseserrata*)
　　　├── トカラアジサイ(*Hydrangea kawagoeana*)
　　　├── リュウキュウコンテリギ(*Hydrangea liukiuensis*)
　　　└── タイワントキワアジサイ(*Hydrangea chinensis*)
　　種間／属間雑種…諸説あり
　ノリウツギ節
　　ノリウツギ亜節
　　　└── ノリウツギ(*Hydrangea paniculata*)
　　アメリカノリノキ亜節
　　　├── アメリカノリノキ(*Hydrangea arborescens*)
　　　└── カシワバアジサイ(*Hydrangea quercifolia*)

コアジサイ亜節
(コアジサイ)

ノリウツギ亜節
(ノリウツギ)

アジサイ亜節 ガクアジサイ(ナデシコガク)

タマアジサイ亜節
├── タマアジサイ(*Hydrangea involucrata*)
├── ヒマラヤタマアジサイ(*Hydrangea aspera*)
└── ヤハズアジサイ(*Hydrangea sikokiana*)
ツルアジサイ亜節
└── ツルアジサイ(*Hydrangea petiolaris*)

【バイカウツギ亜科】

バイカウツギ属
└── バイカウツギ(*Philadelphus satsumi*)
イワガラミ属
└── イワガラミ(*Schizophragma hydrangeoides*)
ジョウザンアジサイ属
└── ジョウザンアジサイ(*Dichroa febrifuga*)
クサアジサイ属
└── クサアジサイ(*Cardiandra alternifolia*)
バイカアマチャ属
└── バイカアマチャ(*Platycrater arguta*)
ギンバイソウ属
└── ギンバイソウ(*Deinanthe bifida*)
ウツギ属
└── ウツギ(*Deutzia crenata*)
キレンゲショウマ属
└── キレンゲショウマ(*Kirengeshoma palmata*)

ツルアジサイ亜節(ツルアジサイ)

アメリカノリウツギ亜節
(カシワバアジサイ)

バイカウツギ亜科(バイカウツギ)

タマアジサイ亜節(タマアジサイ)

アジサイの原産地

現在、私たちが目にしている多種多彩なアジサイのルーツは、主に日本にあります。

18世紀末から19世紀初頭にかけてツュンベリー[*1]らプラント（植物）ハンターの手で、日本の多くの植物がヨーロッパに渡りました。アジサイも例外ではなく、主に2つのルートでヨーロッパに渡りました。

1つは中国を経由したもので、いつの時代かに〝日本から中国に渡ったアジサイ〟が18世紀末にイギリスに渡り、キュー王立植物園に収められました。当時のキュー王立植物園・園長で植物学者のジョゼフ・バンクス卿の名前から「ジョゼフ・バンクス」と名付けられ、その2年後にはアメリカやイタリアなどのヨーロッパ各地に渡りました。

もう1つは、19世紀初頭（江戸時代末期）に来日したドイツ人医師シーボルト[*2]によるものです。シーボルトは日本人の妻である楠本滝を〝おたきさん〟と呼んでいたことから「オタクサ」と名付けたホンアジサイと思われるアジサイや、日本各地で採取した野生のアジサイをヨーロッパに持ち帰りました。後年、ツッカリーニ[*3]の協力を得て、『フローラ・ヤポニカ（日本植物誌）』を刊行して世界に紹介したことは有名な話ですね。

中国経由のアジサイがあったため、長い間アジサイは中国が原産とされてきました。ところが、近年になって植物のDNA解析が進み、ヨーロッパに渡ったアジサイは日本原産であることが解明されたのです。ちなみに、「ジョゼフ・バンクス」「オタクサ」のどちらもテマリ咲きのガクアジサイです。

19世紀末にヨーロッパに渡った

＊1
カール・ペーテル・ツュンベリー Carl Peter Thunberg(1743-1828)：スウェーデンの植物学者、博物学者、医学者。出島の三学者の一人で、1775～1776年に出島に滞在し、長崎商館医を務めた。

＊2
フィリップ・フランツ・フォン・シーボルト Philipp Franz Balthasar von Siebold(1796-1866)：ドイツの医師、博物学者。出島の三学者の一人。1823年にオランダ領東インド陸軍病院の外科少佐として来日した。

＊3
ヨーゼフ・ゲアハルト・ツッカリーニ Joseph Gerhard (von) Zuccarini(797-1848)：ドイツの植物学者。

アジサイは「東洋のバラ」として珍重され、20世紀初めにはさかんに育種が行われました。そして、明治から昭和にかけて「西洋アジサイ」として赤やピンクの華やかなアジサイとなって〝里帰り〟をしたのです。

シーボルトが帰国して出版した『フローラ・ヤポニカ（日本植物誌）』に収載されている「HYDRANGEA Otaksa」の植物画

「Flora Japonica, sive, Plantae quas in Imperio Japonico collegit, descripsit, ex parte in ipsis locis pingendas curavit Dr. Ph. Fr. de Siebold」（京都大学理学研究科所蔵）

Side Note 2

西洋アジサイってどんなアジサイ？

近年、アジサイは世界的に人気の高い植物となっており、読者の皆さんは「西洋アジサイ」という呼称を聞いたことがあると思います。しかしながら、西洋（ヨーロッパ）に自生しているアジサイはありません。本文でも紹介したとおり、アジサイの原産地は日本および中国から東南アジア、そして北米・中米・南米です。それらの自生種をヨーロッパ各国で品種改良して日本に輸入されるケースが多くなり、それらの園芸種が日本国内で「西洋アジサイ」「ハイドランジア」などの名称で販売されるようになったのです。

繰り返しになりますが、日本固有種であるガクアジサイ、ヤマアジサイ、エゾアジサイは、他の地域には自生していません（注：ヤマアジサイの一部は韓国に自生しています）。

20年ほど前より植物学者、アジサイ研究者、日本アジサイ協会および各地のアジサイ同好会では、外国および日本で改良されたアジサイを「園芸アジサイ」と呼称しています。本書でも基本的には「園芸アジサイ」と表記し、文章の前後の流れでやむを得ない箇所のみ「西洋アジサイ」と記します。

アジサイの開花時期

アジサイの開花時期は気候に影響されるため、毎年多少の違いはありますが、日本に自生するアジサイは、早い種は4月中旬頃から咲きはじめ、長く咲き続ける種は9月下旬頃まで花を楽しむことができます（表1-2）。園芸アジサイは5月上旬〜6月下旬頃に咲きはじめるものが大多数ですが、1月頃から咲くものや四季咲きのものなども作出されています。

なお、気象庁では桜と同様、アジサイについても開花期を観測しています。標本木《ひょうほんぼく》（開花を判断するための基準となる株）は全国に51箇所あり、両性花が2〜3輪咲いた日が開花日となります。詳細は気象庁のホームページ[*1]から確認することができます。

＊1
気象庁HP・あじさいの開花日（2023〜2024年）
https://www.data.jma.go.jp/sakura/data/phn_008.html

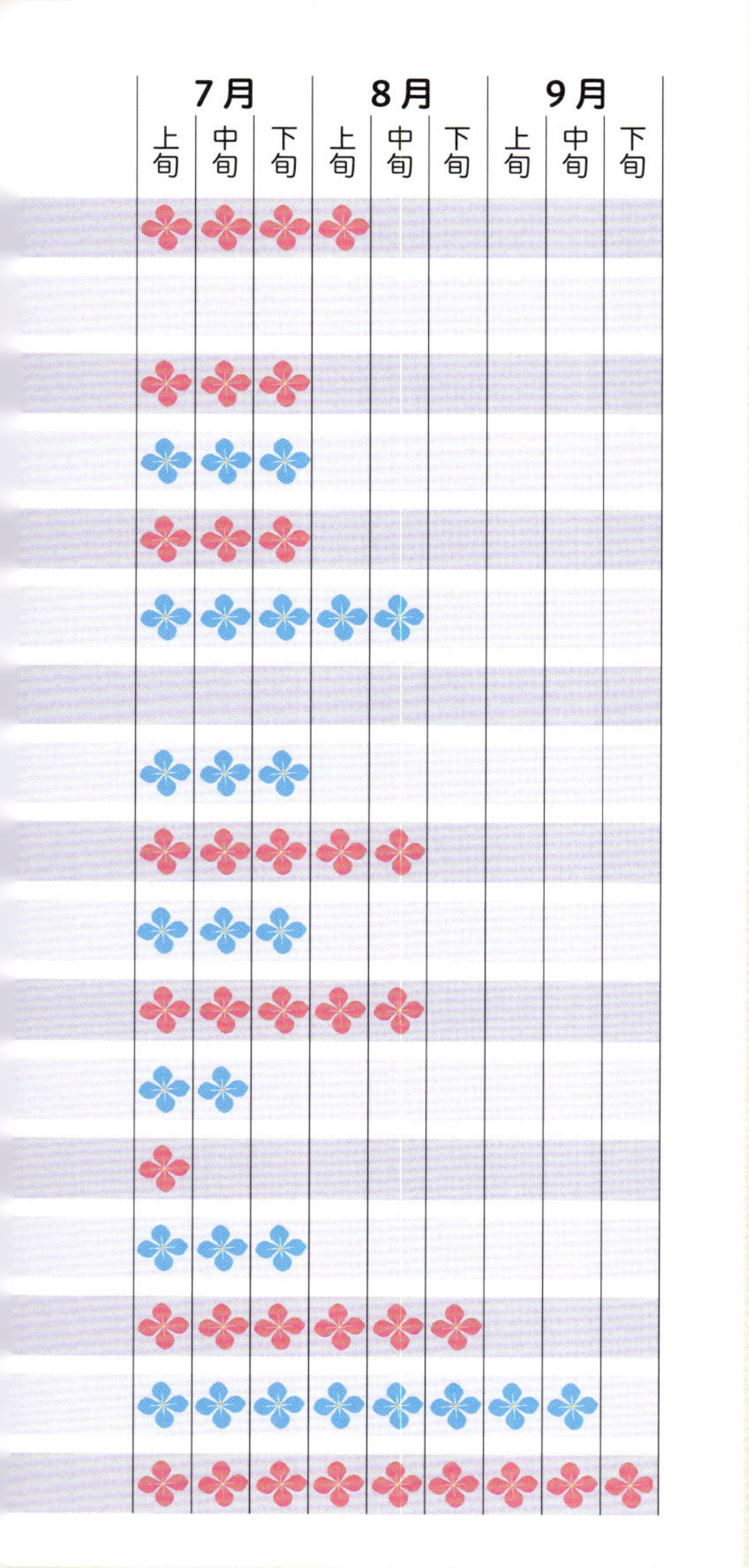

表1-2 アジサイの開花時期

沖縄から北海道までの咲き進む期間を示しています。地域や気候により開花時期は異なり、北海道のアジサイは暖地より約2カ月遅れて開花します。

	4月			5月			6月		
	上旬	中旬	下旬	上旬	中旬	下旬	上旬	中旬	下旬
園芸アジサイ				✿	✿	✿	✿	✿	✿
タイワントキワアジサイ	✿	✿	✿	✿	✿	✿	✿	✿	✿
コガクウツギ			✿	✿	✿	✿	✿	✿	✿
コアジサイ				✿	✿	✿	✿	✿	✿
ツルアジサイ				✿	✿	✿	✿	✿	✿
ヤマアジサイ				✿	✿	✿	✿	✿	✿
ガクウツギ				✿	✿	✿	✿	✿	✿
カシワバアジサイ					✿	✿	✿	✿	✿
ガクアジサイ					✿	✿	✿	✿	✿
イワガラミ					✿	✿	✿	✿	✿
エゾアジサイ						✿	✿	✿	✿
アナベル						✿	✿	✿	✿
ヤクシマアジサイ						✿	✿	✿	✿
ジョウザンアジサイ							✿	✿	✿
アスペラ							✿	✿	✿
ノリウツギ									
タマアジサイ									

ピラミッド（円錐）咲き
（カシワバアジサイ）

アジサイの「花」はどこにある

通常、1輪2輪と数えられるアジサイの「花」は花冠（花房）で、複数の小さな花が集まって花房をつくっています（集合花）。花冠は2種類の小花で構成されています。

アジサイといえばテマリ咲きをイメージされることが多いと思いますが、植物学的にはガクブチ咲きが基本ですので、ガクブチ咲きから解説しましょう。

小花の1つは、中心部分に数多く集まっている「両性花《りょうせいか》」で、雄雌両方の機能を持っています。もう1つは、両性花の周りを取り巻くように配されていて、花びらのようなガク片が目を引く「装飾花《そうしょくか》」で、これは媒介昆虫を呼び寄せる役割を担っています。装飾花に雄の機能はないので結実することはありませんが、花粉はきちんと出るので、雄の機能は正常です。

テマリ咲きは両性花の多くが装飾花に変化した、いわば変わり者です。装飾花が多くなることで、

テマリ咲き（園芸アジサイ）

ガクブチ咲き
（クレナイ〈紅〉、咲きはじめ）

ボリュームが出て花冠が球形に近くなり、鑑賞価値が高くなります。多くの場合、テマリ咲きにも隠れた形で両性花が少数残っているのが普通で、雌親として交配にも利用可能です。まれに、両性花がまったくなかったり、開花前に脱落してしまう種もあります。

花の咲きかたのバリエーション

花房の形状は、ガクブチ咲き、テマリ咲き、ピラミッド（円錐）咲きなどがあります。

装飾花も、一重咲き、八重咲きなどのバリエーションが見られます。

八重咲き（'きらきら星'）

一重咲き（'エゾ星野'）

葉の形

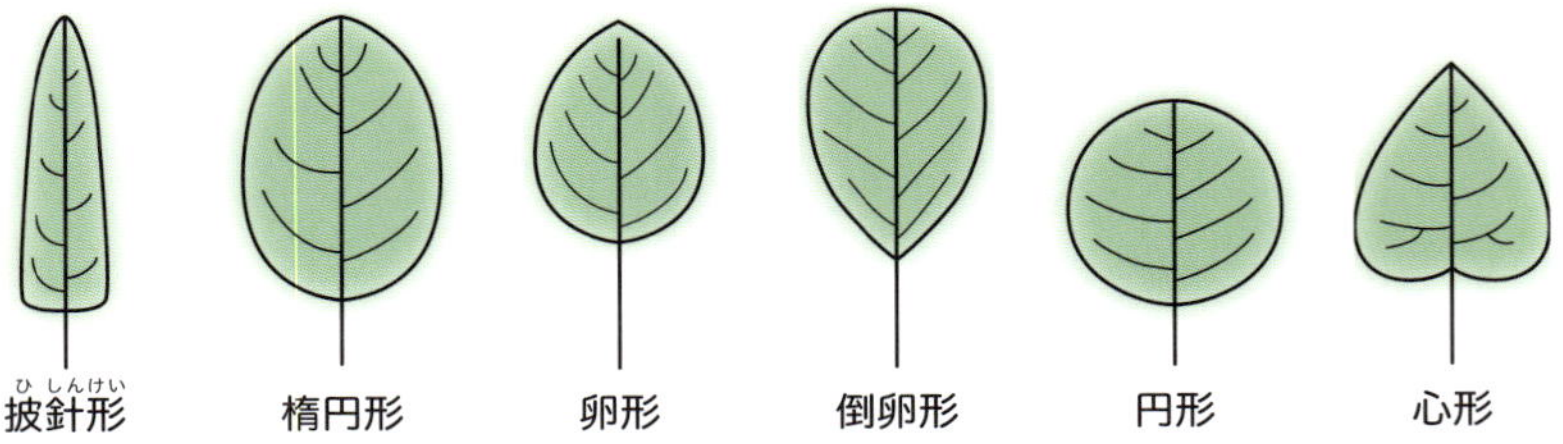

葉先の形態

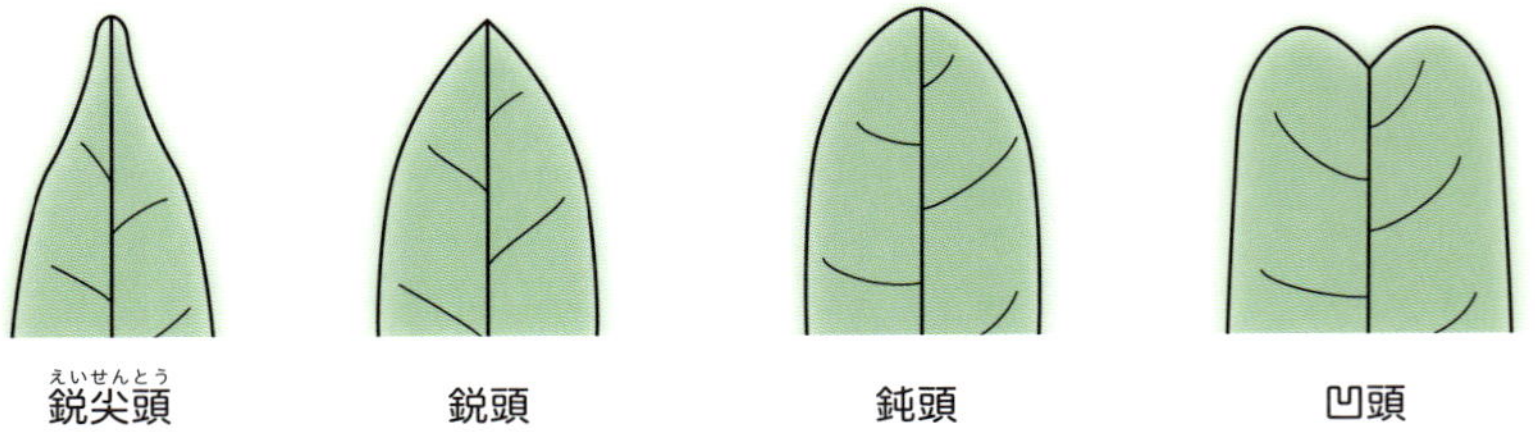

葉基部の形態

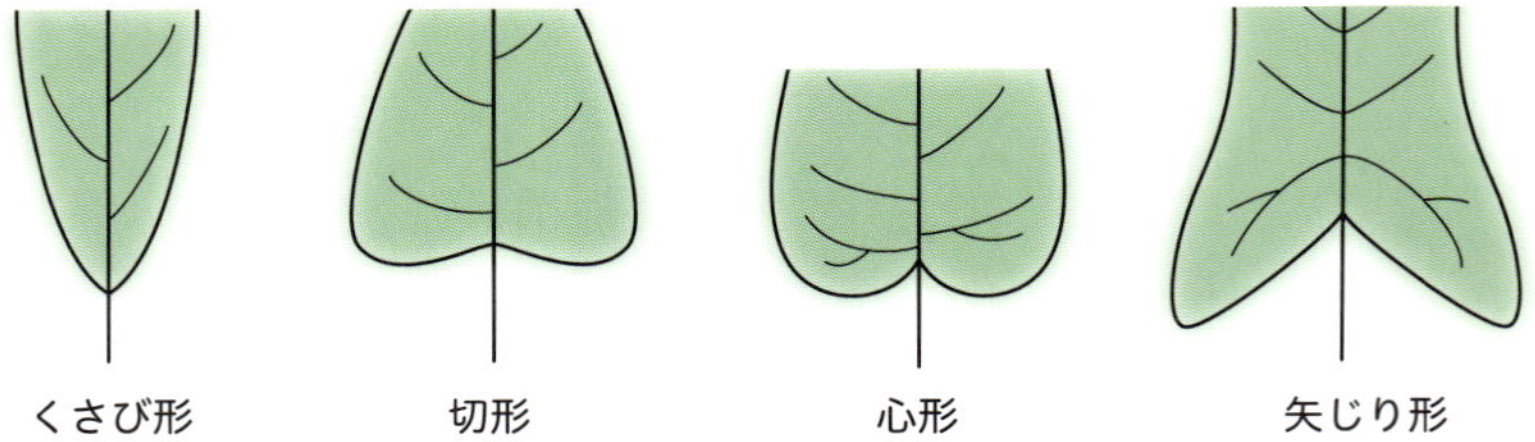

いろいろなバリエーションがあるアジサイの葉

アジサイの葉は、一般的に卵形や楕円形をしており、葉柄《ようへい》側は広いくさび形で、先端は尖っています。葉の大きさや形、厚さ、毛の有無、光沢などは種によって異なりますが、多くの種には次の3つの共通する特徴があります。

①対生

茎の1つの節に2枚の葉が向かい合って付いています。

②単葉

1つの葉柄に1枚の葉が付きます。

葉の配列

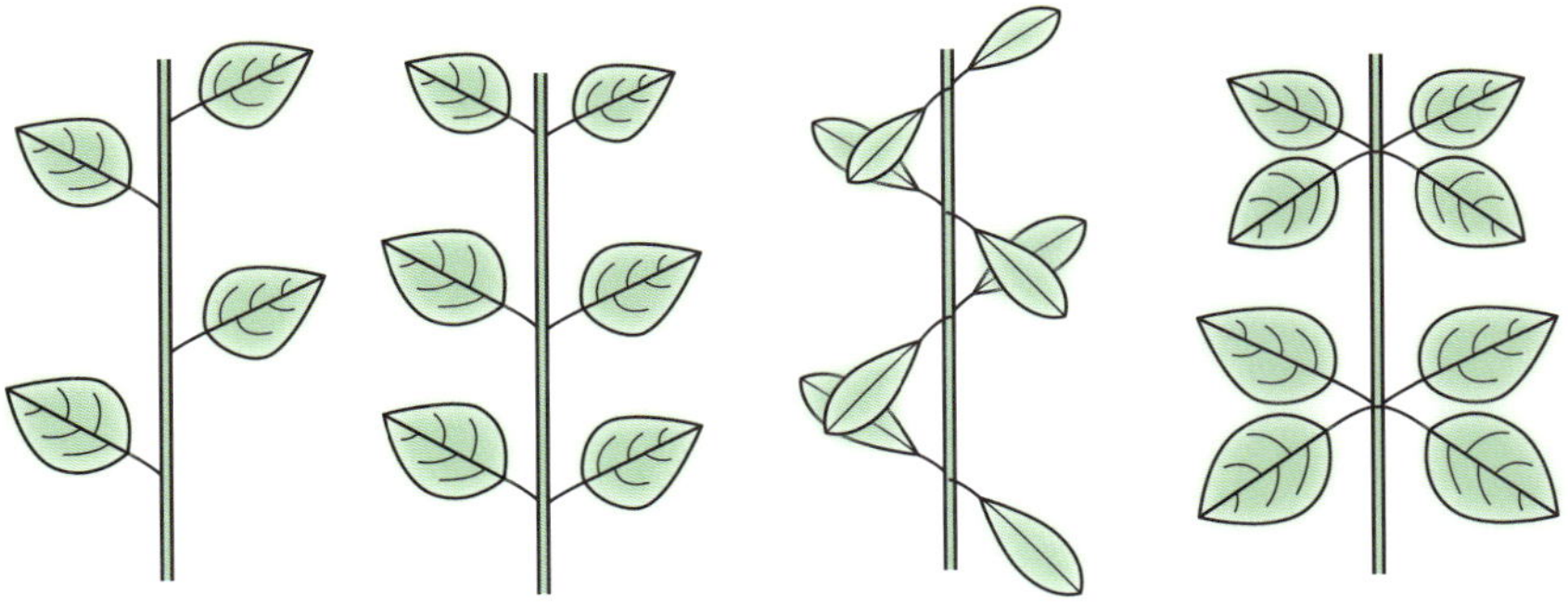

互生《ごせい》
１つの節に葉が１枚ずつ生じ、互いに方向を異にしている。

対生《たいせい》
葉が１つの節に１対生じる。2輪生。

十字対生《じゅうじたいせい》
１つの節に２枚の葉が付き、その上の節では90度回転した位置に付く。

輪生《りんせい》
１つの節に葉が３枚以上生じる。3枚の場合は3輪生、4枚なら4輪生。

葉縁

全縁《ぜんえん》　鋸歯《きょし》　重鋸歯《じゅうきょし》　波状縁《はじょうえん》　歯牙縁《しがえん》　欠刻縁《けっこくえん》

葉の構成

③鋸歯《きょし》
葉の縁にギザギザの切れ込み（鋸歯）があります。

斑の模様

覆輪《ふくりん》

葉の周辺に斑。

中斑《なかふ》

覆輪の逆で、葉の中央に大きな斑が入っている。

縞斑《しまふ》

葉脈に沿ってタテ縞模様の斑。

掃《は》け込《こ》み斑《ふ》

刷毛で掃いたような模様。

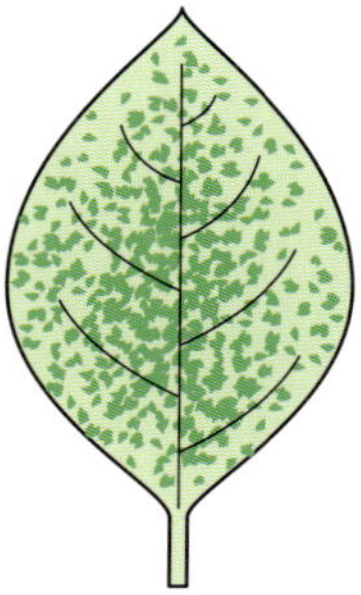

砂子斑《すなごふ》

砂を撒いたような模様。斑の面積が緑より大きい。

散《ち》り斑《ふ》

細かい斑点が全体に散らばっている。

葉の一部、または全体が白や黄色に変色したものを「斑入り」といいます。アジサイの種により、さまざまな斑が見られます。

・黄金葉

葉全体が黄色くなります。

・後暗《のちぐら》み

葉が開く初期は鮮明な白や黄色の斑、成熟すると緑に変わります。

・後冴《のちざ》え

後暗みの逆で、緑から鮮明な斑入りに変化します。

・曙斑《あけぼのふ》

後暗みと同様に、生長に伴って緑色に変化します。

特異な形や色のアジサイの葉

細葉のガクアジサイ

ヤクシマアジサイ　細く小さい葉に、大きく鋭く尖る鋸歯を持つ。

‘スターリットスカイ’
とても大きくて切り込みが深い鋸歯を持つ。

カシワバアジサイ
その名のとおり、柏の葉に似た５～７つの切り込みがある葉を持つ。

駿河黄金（ヤマアジサイ）

斑入り葉のコアジサイ

八丈千鳥（ガクアジサイ）の一番太い幹の断面（上）。切り口をナイフで縦に削ると、はっきりとした年輪が見えている（下）。

アジサイは「木」なのか「多年草」なのか？

アジサイの姿は一見、木のようにも、大きな草のようにも見えます。アジサイの幹は、新梢ではイタドリのような緑色をしていて、草のように見えます。しかし実際は、アジサイは落葉低木に分類されるので、「木」の仲間になります。

それでは、「木」と「草」の違いはどこにあるのでしょう？　木は樹皮のすぐ内側に形成層を持ち、幹が太く固くなるとともに年輪ができます。一方、草の茎には形成層がないため幹は太くならず、年輪もできません。つまり、年輪の有無を調べれば簡単に分かります。

写真は、10年以上前に植えた八丈千鳥（ガクアジサイ）の株元の一番太い幹の断面で、うっすらと年輪を確認することができます。

深山八重紫

濃紫

アジサイの色に関する話題

1 色の濃いアジサイ、薄いアジサイの違い

アジサイは別名「七変化」と言われるように、種々の条件により花の色が変わります。咲きはじめは白あるいは緑色、咲き進むにつれて個体本来の色が出てきます。咲き終わり頃にはさらに濃い色になります。

これには、個体本来が持っている色素（アントシアニン）などに加え、日照や温度差も関係します。また、同じ品種でも植える場所によって色が違ってきます。日光が当たるところに植えた株より日陰に植えた株の方が色は薄くなります。品種にもよりますが、おおむねガクアジサイ系は日光を好み、ヤマアジサイ系やエゾアジサイ系は日光を少し遮った場所を好みます。

そして、アジサイは、他の植物よりも生育する土壌の酸性度に強い感受性を持っているという特徴があります。そのため、同じ品種でも、酸性土壌では花の色が青く、アルカリ性土壌では赤くなります。

このような特性により花の色が変わるアジサイは、20世紀初頭のヨーロッパで非常に珍重され、さかんに品種改良が行われました。

自然条件や土壌の酸性度に左右されにくい品種を紹介します。

‘グリュンヘルツ’

‘アバンダンス’

・濃い青・紫系

エゾ濃青：北海道の自生選抜種で一重・ガクブチ咲きのエゾアジサイ。瑠璃色。

濃紫：九州の自生選抜種で一重・ガクブチ咲きのヤマアジサイ。紫色が濃く、濃紫から濃赤紫に変わり、秋の紅葉も美しい。

藍姫：四国の自生選抜種で一重・ガクブチ咲きのヤマアジサイ。藍色の花色が美しい。

深山八重紫：京都の自生選抜種で八重咲きのヤマアジサイ。濃い紫。

黒姫：早咲きで一重・ガクブチ咲きのヤマアジサイ。深い紫。

エンジアンダム：ドイツで作出されたテマリ咲きの園芸アジサイ。群青色。

・ピンク系

アバンダンス：園芸アジサイとして日本に入ってきたものと思われる。土壌の酸性度に関係なく毎年ピンク色に咲く。強健で乾燥に強く、花つきも良いため、道路のグリーンベルトによく植えられている。

桃色ヤマアジサイ：天竜川沿いの山（静岡県）で発見された。土質や肥料に関係なく安定してピンク色の花を咲かせる。

・赤系

グリュンヘルツ：ドイツで作出されたテマリ咲き園芸アジサイ。咲きはじめは緑色で赤色になる。英名はグリーンハート。

‘センセーション’

2 同じ株で色の違う花が咲くのはなぜ？

アジサイの花の青色は、アントシアニン色素の1種であるデルフィニジン系色素とアルミニウムの結合によって発色します。そして日本列島は雨が多く、自然にアルミニウムが土壌に溶け込んでいる「弱酸性土壌」が多い地域です。そのため、自生地では濁りのない青色系の花を見ることができます。一方、ヨーロッパは石灰質を含む「アルカリ土壌」のため、透明感のある赤色系の花を咲かせます。

アジサイの根は、株を支える「支柱根」のほかに細かい根がたくさん生えています。それらの根がアルミニウムの吸収を妨げる石灰質混じりの土壌に触れると、その根から吸い上げた水分を含む箇所がピンク色もしくは赤色に発色すると考えられています。アジサイが同じ株で青色系とピンク系が混じって咲くのは、植えられている土壌に酸性とアルカリ性が混在しているということです。

身近な例でいうと、コンクリートは原料に石灰石を含んでいるので、コンクリートブロック塀やコンクリートの建物の近くに植えた場合によく観察されます。また、公園や道路のグリーンベルトなどでも見られることがありますが、これは造成の際にコンクリートの混じった建設残土などが入っていたためと思われます。

One Point講座

アジサイの花の色のヒミツ

愛知淑徳大学食健康科学部
吉田久美

アジサイの花の色は多彩で、青、紫、赤、ピンク、白、さらには緑色もあります。そのうち、青、紫、赤、ピンクはポリフェノール色素の1種であるアントシアニンによる発色です。白の花にはアントシアニンは含まれず、緑の花は、葉と同様に葉緑素のクロロフィルによる発色です。

アントシアニンは、赤～紫～青色の花や果実などの色を担う色素で、これまでにさまざまな植物から数百種類以上の化合物が報告されています。アントシアニンは、発色団[*1]のアントシアニジンに糖や有機酸が結合した構造を持ち、発色団部分の化学構造の違いが花の色に影響を与えています。たとえば、青いアサガオと赤いアサガオでは、色素の発色団の部分の化学構造が異なっています。また、青色のバラの花が存在しない理由は、多くの青色の花が持つ発色団であるデルフィニジンをつくることができないからと説明されています。しかし実際は、発色団だけで花の色が決まるわけではありません。アントシアニンは、植物細胞（正確に言うと、細胞内の液胞と呼ばれる顆粒）の中に溶けており、液胞の水素イオン濃度（pHの値）、金属イオンの種類や含有量、アントシアニンと相互作用して色や安定性を変える分子（助色素）の存在によって色が変わります。実は、これこそがアジサイの花の色が移り変わる理由なのです。

ところで、ほとんどのアジサイの花色は、アントシアニン色素の1種であるデルフィニジン3-グルコシドによって発色しています（図1-1）。前項でも紹介しましたが、アジサイは日本原産で、原種は青色です。日本は酸性土壌が

図1-1 アジサイの花色に関わる成分

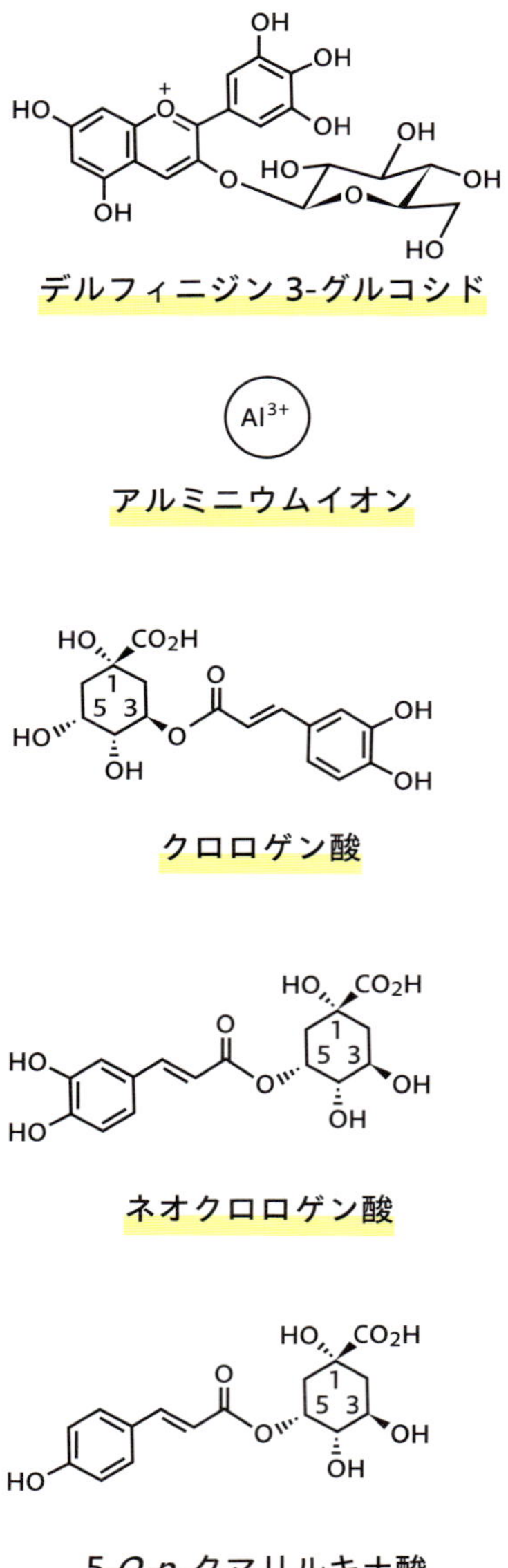

多く、土壌に7%程度含まれるアルミニウムイオンが水に溶けています。アルミニウムイオンは、植物の根に障害を起こして枯れさせる「毒」なのですが、アジサイはアルミニウム耐性を持ち、このような環境下でも成育できるのです。20世紀前半には、アジサイが根から吸い上げたアルミニウムイオンをガク片まで運び、そこでアントシアニンと錯体[*2]をつくって青色になると報告されていました。しかし、実際の青色アジサイの色素の化学構造は複雑で、2019年にようやくその詳細が明らかになったのです(図1-2)。すなわち、単にデルフィニジン3-グルコシドにアルミニウムイオンが結合しているのではなく、ネオクロロゲン酸というポリフェノールが同時にアルミニウムイオンと結合し、さらにネオクロロゲン酸はアントシアニンとの相互作用により助色素の役割を果たしていることがわかりました。この超分子[*3]こそが、アジサイの青色を担う色素で、青色ガク片にこの色素が実在することも、質量分析イメージング[*4]によって証明されたのです。

では、赤色や紫色はどのように発色するのでしょうか。紫色のアジサイのガク片を顕微鏡で観察すると、細胞の色が紫色だけではなく、青、赤、紫色の細胞が混じってモザイク状になっています。一方、青色や赤色のアジサイの細胞はほぼ単色です。この発色の違いは、色のついた細胞だけを取り出して、その成分を分析することにより明らかになりました。アジサイにはネオクロロゲン酸のほかに、クロロゲン酸、5-*O*-*p*-クマリルキナ酸という助色素が含まれています（クロロゲン酸は、ゴボウやコーヒー豆にも含まれるポリフェノールです）（図1-1）。アルミニウムイオンとこれら3種類の助色素の含有量の違い、液胞のpHの値の組み合わせで、細胞の色が決まることがわかったのです。アルミニウムイオンがほとんど含まれずクロロゲン酸が多く、液胞pHが3〜3・5であると赤色に、アルミニウムイオンとネオクロロゲン酸、あるいは5-*O*-*p*-クマリルキナ酸（これらはキナ酸の5位に有機酸が結合している）が多く、液胞pHが4〜4・5であると青色となります。紫色は、その中間の条件のときに発色します（図1-3）。これらの要因の変化によって、アジサイの色は連続して変わるのです。

図1-2　アジサイ青色色素の構造

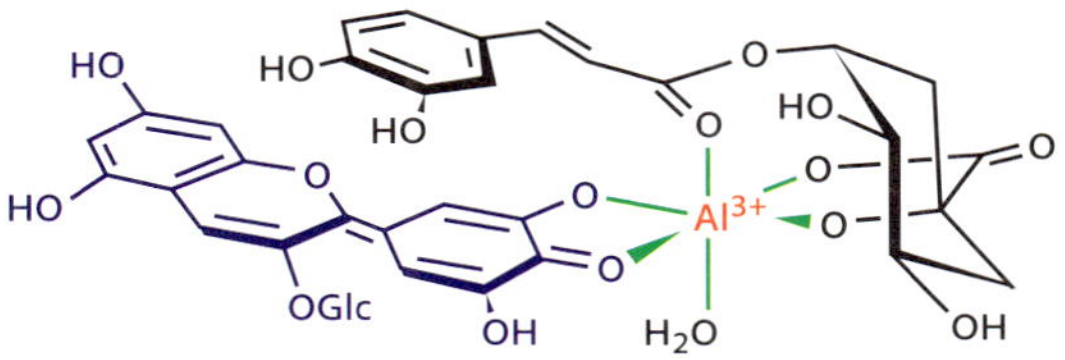

青がアントシアニン、黒が助色素のネオクロロゲン酸、中央の赤がアルミニウムイオン、緑の線はアルミニウムイオンとの結合を表す。

＊1
発色団：色素分子は、色を持つ部分と無色の部分とがあり、その中で色を担う部分構造を発色団という。通常、アントシアニンの場合は、芳香環がつながった部分をいう。

＊2
錯体：金属に配位子（花の色素の場合はアントシアニン）が結合したもののこと。

＊3
超分子：超分子とは、複数の分子が共有結合ではなく、もっと弱い相互作用で集合して、ある構造体をとり、単分子では示さない機能を持つようになるものをいう。

＊4
質量分子イメージング：生体内で、ある特定の分子やイオンの分布を、その分析対象物の質量を指標に可視化する手法やその結果のこと。

図1-3　単一細胞分析からわかったアジサイの色が変わるしくみ

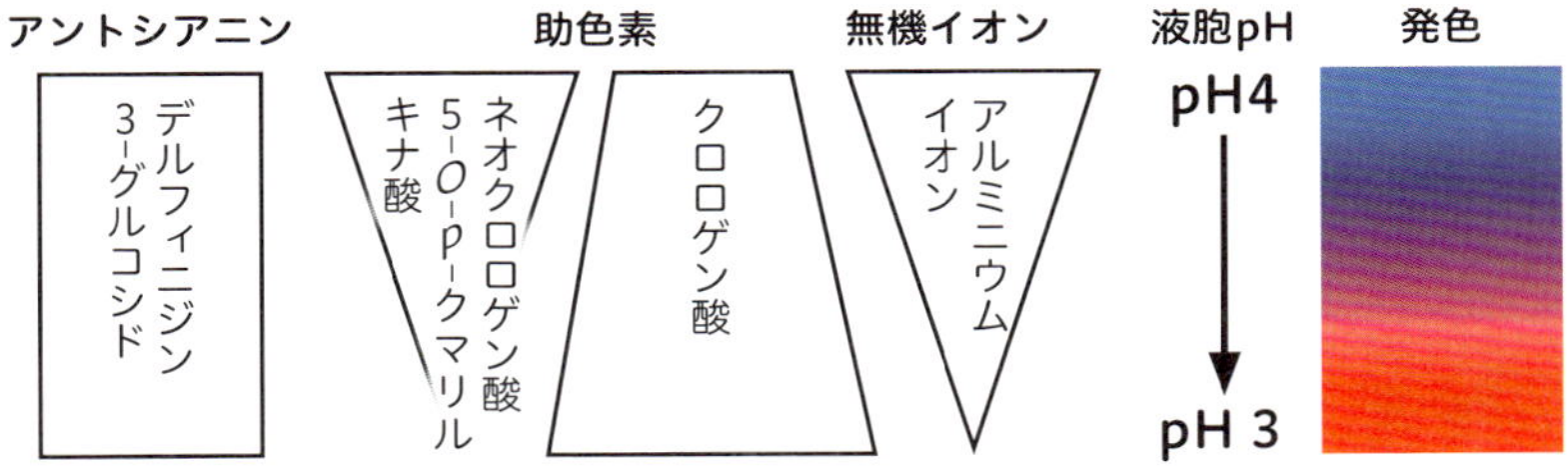

バックポーチ（カシワバアジサイ）

アジサイの香り

アジサイには、バラやユリなどのような特徴のある強い香りはありませんが、種によっては微香性のものがあります。夏に咲く白色の花には、カナブンやハナムグリなどの昆虫を呼び寄せるために香りがあり、アジサイにも人間の嗅覚でかすかに感じる程度の香りがする種があります。

在来種では、ヤマアジサイとノリウツギには、白色の両性花が満開になると〝日向臭い〟すこし甘い香りが、ツルアジサイの若葉にはキュウリに似たさわやかな香りがあります。ガクウツギの別名と言われるコンテリギにも香りがあり、

バイカウツギ

リュウキュウコンテリギは「香るアジサイ」と呼ばれ、屋久島コンテリギの両性花は満開になるとキク科植物のような香ばしい香りがします。

そのほかには以下の品種に香りがあります。

トカラアジサイ：黄色の両性花に強い香りがあります。

コアジサイ：装飾花がないのが特徴のアジサイで、ほかのアジサイにない甘い香りがします。

コガクウツギ：強い香りがあり、「においアジサイ」「においコアジサイ」と呼ばれることもあります。

外国種では、中国、台湾原産のウンベラータ（ガクウツギ系）に香りがあります。また、バイカウツギ（本州から四国、九州に分布するアジサイ科バイカウツギ属）は6～7月に白い花を咲かせます。花からただよう柑橘系のさわやかな香りは、香水の原料として使われています。

北米原産のアルボレスケンス・ラジアータには、アジサイとしてはかなり強い香りがあります。同じく北米東部原産のカシワバアジサイには数十種の園芸品種があり、同じように〝日向臭い〟香りがあります。中でもバックポーチは、清涼感のある甘い香りが人気の品種です。ただし、外国から導入した園芸植物によくあることですが、挿し木による栄養繁殖で苗を育てたものは品質にバラツキがあり、まったく香りのしないものもあるので注意が必要です。

アジサイには毒がある？

10年以上前に、料理に添えられていたアジサイの葉を食べたことによる食中毒事例が連続して発生し、アジサイの毒性に関して世間の注目が集まりました。中毒症状としては、喫食後30分ほどしてから顔面紅潮、嘔吐、めまいなどの症状が現れ、2~3日以内に全員回復しています。当時、これらの中毒症状を引き起こした原因成分を厚生労働省が精査したものの、解明には至りませんでした。

アジサイには青酸配糖体[*1]が含まれていると古くから言われていますが、現在でもアジサイの毒の成分や毒のある部位など、詳しいことは明らかになっていません。アジサイの品種によってはごく微量の青酸配糖体が単離されたとの報告もありますが、品種や個体により含まれている成分や量はまちまちだとされています。

また、アジサイからはフェブリフジンというアルカロイドの1種が単離されています。フェブリフジンは嘔吐作用を引き起こす一方、抗マラリア作用を有しており、創薬シーズとしての可能性を秘めている成分です。

このように、アジサイの毒については未解明ではありますが、口にしなければ問題ない程度の毒性はあると言えます。アジサイの葉や花が食事の「つまもの」として添えられていた場合は、イチョウの葉やキキョウの花などと同様、食べることはせず、見て楽しみましょう。

＊1
青酸配糖体：植物に含まれる有毒成分で、体内で青酸を生じる化合物。

第2章

アジサイ図譜

天城甘茶（アマギアマチャ）

清澄沢（キヨスミサワ）

ヤマアジサイ

（*Hydrangea serrata*）

藍姫（アイヒメ）

代表的な品種

- 黒姫
- 清澄沢
- 七段花
- 美方八重
- 伊予絞り
- 伊予テマリ
- 虹
- 紅テマリ
- 舞妓
- 白マイコ
- 秋篠テマリ
- クレナイ（紅）
- 桃色ヤマアジサイ
- 天城甘茶
- 八重の甘茶
- 富士の滝
- 富士の白雪
- 藍姫
- 濃紫　など

アジサイ属

樹高	1〜2m／落葉広葉樹・低木
花期	5月初旬〜7月中旬
別名	沢アジサイ

クレナイ（紅）

ヤマアジサイは本州、四国、九州までの山地が主な自生地で、寒さにはやや弱く、温暖な気候を好みます。山中（沢の淵）でよく見られることから、沢アジサイとも呼ばれます。

葉の形は長楕円形、楕円形などバリエーションがありますが、総じて葉質が薄く、光沢がないという特徴を持っています。

ヤマアジサイは枝の頂部に花を付けます。花色は、三重県・養老山系を境にして関東では白（東日本型）、関西では青、ピンク、赤（西日本型）の花を咲かせますが、そのほかにも紫などがあり、多様です。装飾花も一重、半八重、八重などさまざまです。5月初旬頃から咲きはじめ、梅雨の頃に装飾花が反転して終わりを迎えます。

七段花（シチダンカ）

木沢の光(乙女の舞)／キザワノヒカリ(オトメノマイ)

波しぶき(ナミシブキ)

白妙(シロタエ)

ベニガク

舞妓（マイコ）

白扇(ハクセン)

箱根町(神奈川県)に自生するヤマアジサイ

交雑種

ヤマアジサイ

石鎚の光（イシヅチノヒカリ）

富士の滝（フジノタキ）

黒姫（クロヒメ）

瀬戸の夕紅（セトノユウベニ）

広瀬の華(ヒロセノハナ)

土佐のまほろば(トサノマホロバ)

赤べえ
（アカベエ）

津江緑（ツエミドリ）

星の雫（ホシノシズク）

深山八重紫（ミヤマヤエムラサキ）

九重の花吹雪（クジュウノハナフブキ）

Side Note 3

白から赤色に変わるアジサイ

東日本型のヤマアジサイは白花が基本です。しかし、中には咲きはじめは白だった装飾花が、咲き進むにつれピンクから紅色に変化する個体があります。最も有名で人気が高い品種は、長野県飯田市原産のヤマアジサイ「クレナイ（紅）」でしょう。日が当たらないと濃い紅色にならないので、栽培する場合は日陰を避けて植えましょう。

他の地方でも、紅色まで濃くならなくてもピンク色になるヤマアジサイはよく見かけます。また、天城甘茶やガクアジサイにも白からピンク色に変化するものがあります。

装飾花がピンクに色づいたヤマアジサイ

自然交雑種。白から両性花が青に変わり、続いて装飾花に紅が加わる。

花火（ハナビ）アジサイ　ホンアジサイ

ガクアジサイ

(*Hydrangea macrophylla* f. *normalis*)

城ケ崎（ジョウガサキ）

代表的な品種

・花火アジサイ
（別名：隅田の花火）
・城ケ崎
・伊豆の華
・伊豆の踊子
・三原八重
・ミヤケトキワ
・三河千鳥
・ホンアジサイ
・オタクサ
・黒軸アジサイ
・八丈千鳥
・ウズアジサイ
・ミカン葉ガクアジサイ
・石化八重
（別名：帯化八重）
など

アジサイ属

樹高 1～2m／落葉広葉樹・低木

花期 6月中旬～7月中旬

別名 ハマアジサイ・八仙花・七変化

さざ波（サザナミ）

園芸アジサイの代表的な系統で、園芸店で見られるアジサイの多くはこの種の系統です。

ガクアジサイの分布範囲はヤマアジサイよりも狭く、房総半島（千葉県銚子市）から伊豆半島（静岡県下田市、南伊豆町、松崎町）までの海岸沿い、および東京都伊豆諸島・小笠原諸島に分布しています。島しょ部では海岸沿いだけでなく内陸部まで進出し、日の当たる山道などでも見られます。ハマアジサイとも呼ばれるガクアジサイは、主に海岸線の腐葉土が積もった明るい林の中に育ちます。

花色は薄い青色から青紫色、ごくまれに白色を見ることもあります。中央にある多数の小さな両性花を装飾花が囲む「ガクブチ咲き」が基本です。伊豆諸島・小笠原諸島では装飾花が白から薄い青色、両性花が青紫色となります。

葉は広卵形で厚く光沢があり、乾燥や日照りに強い性質を持っています。

樹高は通常1～2mですが、土が溜まる谷間や多湿の環境では3～4mになることもあり、高くなる品種を選べば、庭にアジサイのトンネルをつくることもできます。

伊豆の華(イズノハナ)

伊豆の華の原木(伊豆半島東部)

ミカン葉ガクアジサイ

八丈千鳥（ハチジョウチドリ）

自生のガクアジサイ（千葉県）

ガクアジサイの自生地（伊豆半島）

テマリ咲きガクアジサイの自生地（伊豆半島東部）

黒軸（クロジク）アジサイ

テマリ咲きの自生ガクアジサイ（神奈川県）

ウズアジサイ

Side Note 4

ウズアジサイの‘先祖返り’

ウズアジサイはホンアジサイの枝変わりで、オタフクアジサイとも呼ばれます。珍しい形をした装飾花が海外でも人気を博しています。ウズアジサイの大きな株では、時折‘先祖返り’したホンアジサイの花を見ることがあります。

ウズアジサイからホンアジサイ

大島緑花（オオシマリョクカ）

石化八重（セッカヤエ）
別名「帯化八重」。幹が石化（平らな帯状になること）し、八重咲きなので、この名が付けられた。咲きはじめは白で、青色に変化する。

白斑入りガクアジサイ 恋路ヶ浜（コイジガハマ）
覆輪斑、装飾花は淡い青色。江戸時代に栽培されていた古い品種。

Side Note 5

八重咲きアジサイはどうしてできた？

八重咲きアジサイは自生地で多数発見されています。その昔、野生の八重咲きアジサイを見つけた人が庭で栽培し、そこから各地に広がった可能性は十分に考えられます。江戸時代には石化八重（ガクアジサイ）、七段花（ヤマアジサイ）などの八重咲きアジサイが栽培されていました。

終戦後の日本では、鉢物のアジサイはヨーロッパで作出された園芸アジサイが中心でしたが、1980年代頃から日本での育種が本格的にはじまります。その少し前、1977年に神奈川県横浜市で花火アジサイ（ガクアジサイ）が発見されました。そして、伊豆半島の自生地で八重咲きの伊豆の華と城ヶ崎（いずれもガクアジサイ）が見つかり、これらを親にした交配もすぐにはじまりました。現在では、八重咲きのテマリ咲きアジサイなど、野生種では考えられない品種が数多く作出されています。

三河千鳥（ミカワチドリ）

ミヤケトキワ

ナデシコガク

磯笛（イソブエ）

あゆみ　佐橋の荘（サハシノショウ）

エゾアジサイ

(*Hydrangea serrata* var. *yesoensis*)

エゾアジサイ

代表的な品種

- テマリエゾ
- 佐橋の荘
- 綾
- 星咲きエゾアジサイ
- あゆみ
- エゾ錦
- 雪テマリ

など

アジサイ属

樹高 1〜1.5m／落葉広葉樹・低木

花期 6月〜8月

別名 雪アジサイ

綾（アヤ）

エゾアジサイは、北海道、本州（京都府以北・日本海側の多雪地帯）などに分布しています。深山の沢沿いや薄暗い湿った場所に自生しています。本州の太平洋側など冬季に乾燥するところでは育ちにくく、花付きも良くないため、庭植えには適していません。

エゾアジサイはヤマアジサイの変種で、全体的に大形で装飾花は青色、白、ピンクなどです。葉質はやや厚く、光沢はありません。

エゾアジサイ

自生のタマアジサイ

タマアジサイ

(*Hydrangea involucrata*)

タマアジサイ：開花した様子

アジサイ属

樹高 1〜2m／落葉広葉樹・低木

花期 7月〜9月

別名 沢ふさぎ、ヤマタバコ

三原九重（ミハラココノエ）タマアジサイ

瓔珞（ヨウラク）タマアジサイ

タマアジサイは、東北南部（福島県）から中部地方（岐阜県）までの太平洋側、新潟県から福井県までの日本海側、および長野県に分布しています。山地の谷間や沢沿い、やや湿った林縁などに自生します。沢沿いに多く自生するので、「沢ふさぎ」とも呼ばれています。

花期は通常のアジサイより遅く7月〜9月で、丸い球状の総苞《そうほう》に包まれた蕾が直径3cm近くになると裂けるように開花します。装飾花は白く、両性花は淡い紫色の花を咲かせます。葉の形は楕円形から倒卵形で、縁は細かい鋸歯《きょし》が並んでいます。葉の両面には固く短い毛があり、触るとざらつきます。

タマアジサイは、日当たりの良いところを好みますが、半日陰の場所でもしっかりと花を咲かせてくれます。また水を好むので、栽培する場合は乾燥地を避け、午後の日照、特に西日が当たらないところに植えるとよいでしょう。

タマアジサイの葉は、戦時中までタバコの代用品として利用されていたことから「ヤマタバコ」という別名もあります。

ノリウツギは寒さにも暑さにも強いので日本中に分布し、樺太、中国、台湾でも見られます。山地の低木林や林縁などに自生します。樹皮を剥ぐと粘りがあり、和紙をすくときの糊として利用したことが和名の由来となっています。

新しい枝の先にたくさんの白い小さな両性花を付け、そこに白または淡紅色の装飾花が混ざって、長さ10〜30cmピラミッド（円錐型状）の花序となります。樹高は2〜5mで株立ち[*1]となり、アジサイの花が少ない夏に咲いてくれます。

葉は長さ5〜15cmの先が尖った卵形から楕円形で、葉縁に鋸歯が並びます。普通は対生ですが、しばしば3輪生も見かけます。

ノリウツギ

(*Hydrangea paniculata*)

代表的な品種

- アカズキン
- ミナヅキ
- ライムライト
- ダルマノリウツギ
- 雪化粧

など

ノリウツギ

ノリウツギ(ミナヅキ)

アジサイ属

樹高 2〜5m／落葉広葉樹・低木

花期 7月〜9月中旬

別名 サビタ、ノリノキ(糊の木)

＊1　株《かぶ》立《だ》ち：1本の茎の根本から複数の茎が分かれて立ち上がっている形状のこと。

Side Note 6

日本で古くから栽培されているアジサイ

ヤマアジサイ、ガクアジサイ、エゾアジサイ、ノリウツギの原産国である日本では、自生地で見つけられた“変わった花”を庭に植えることがありました。シーボルトの著書『フローラ・ヤポニカ（日本植物誌）』には、平均的なものとは少し違ったアジサイの個体の図版があります。著しく花柄の長いガクアジサイ、１つの花房に10個の装飾花を付けるヤマアジサイ、八重咲やテマリ咲き（オタクサ）まで載っていて、どう見てもこれらは野生種の中から選択され、庭で栽培していたアジサイと考えられます。江戸時代には大きなブームにはなりませんでしたが、選抜されたアジサイが広く栽培されていたのでしょう。

ここではアジサイの古品種を抜粋して紹介します。

・ホンアジサイ：江戸時代に栽培されていたテマリ咲きのガクアジサイ。
・オタクサ：テマリ咲きのガクアジサイ。シーボルトが帰国の際に持ち帰ったもので、今では逆輸入され、日本でも栽培されている。
・ベニテマリ：ヤマアジサイ系の大輪テマリ咲きで、白から紅色に変化する。江戸時代に栽培されていた古い品種。
・ニワアジサイ：青色のテマリ咲きで、エゾアジサイと他のアジサイの交雑種。長野県や新潟県・山形県などの雪深い地方で栽培されてきた。ヒメアジサイもこの仲間。
・ベニガク：装飾花は白から周辺部が濃い紅となる。また、ヤマアジサイの自生地においてベニガク周囲で開花後半に紅をさす株が多く見られ、園芸アジサイの近くでは青から紅がさす花色に変わる株もあり、それらはベニガクの実生で生まれたものと考えられる。現在栽培されているベニガクも古くからの品種。
・ミナヅキ（ピラミッドアジサイ）：テマリ咲きのノリウツギ。円錐型の花は白花からピンクに変わり、秋まで楽しめる。
・玉段《ギョクダン》花《カ》：八重咲きのタマアジサイ。ガクブチ咲きだが、両性花も八重なので、花房の中心が盛り上がる。江戸時代には同名でいくつかの系統があったと思われる。

‘リトルクイックファイヤー’

‘リトルホイップ’
（ピンク）

‘リトルライム’

‘リトルライム’(ピンク)

北海道から鹿児島県屋久島まで広い範囲に分布しています。乾燥と夏の暑さを嫌い、湿気の多い場所を好みます。幹や枝から気根[*1]を出して他の植物や岩場に絡みついていく習性があります。自生しているものは20mほどになるものもあります。

花の直径は10～20cmのガクブチ咲きで、白色でガク片が3～4枚の装飾花3～8個が、多数の両性花を取り巻きます。長い葉柄《ようへい》を持ち、葉の大きさは5～12cmで先端の尖った卵型をしており、葉縁は細かい鋸歯が並んでいます。

ツルアジサイ

(*Hydrangea petiolaris*)

ツルアジサイ

Side Note 7

ツルアジサイとよく似た植物:イワガラミ

ツルアジサイと姿がよく似ているイワガラミ（*Schizophragma hydrangeoides*、イワガラミ属）は、幹や枝から細い気根を出して他の高木や岩崖に付着し、アジサイ様の花序が出る点で共通しますが、イワガラミの装飾花はガク片が1枚だけである点で見分けることができます。

イワガラミ

アジサイ属

ツルの長さ　5～20m／落葉つる性木本

花期　6月～7月

別名　ゴトウヅル、ツルデマリ

＊1　気根《きこん》:植物の地上に出ている茎あるいは幹から出て、空中に伸びる根。

アメリカノリノキは北米東部に広く自生しており、その原種で最も知られているのがアナベルです。

アナベルの花房は20～30㎝の大きなテマリ状で、白く小さな装飾花の集合体です。花色は、蕾の頃は淡い緑色、花が咲くと純白になり、咲き進むと再び淡緑色になります。装飾花は秋にそのままの形でドライフラワー状態となって残るので、冬の間も楽しめます。アナベルの花色は基本的には白色ですが、ピンクのものもあります。葉の大きさは5～15㎝の卵形で、不整な三角状の鋸歯があります。

アメリカノリノキの自生地は乾燥した荒地なので、日本のアジサイのように湿地灌水には注意が必要です。

アメリカノリノキ:アナベル

(*Hydrangea arborescens* var.*annabelle*)

アナベル

アジサイ属

樹高 1〜1.5m／落葉低木

花期 6月〜7月

‘ヘイズ スターバースト’

白とピンクのアナベル

ピンクアナベル:開花前

花色が再び淡緑色になる

カシワバアジサイ

(*Hydrangea quercifolia*)

カシワバアジサイは北米東部が原産地です。葉の形が柏の葉に似ていることから、この和名が付けられました。

耐暑・耐寒性ともに高く、多少の日陰でも生育します。花色は、白からピンクや緑色に変化していき、花期が長いため、ゆっくり楽しめます。花房は葡萄の房のようなピラミッド型で、大きなものは40㎝ほどになります。長さ10～20㎝の大きな葉は5～7つの切れ込みがあり、秋には紅葉します。

八重カシワバアジサイ
(スノーフレーク)
秋色に変化したもの

八重カシワバアジサイ(スノーフレーク)

アジサイ属

樹高 1～2m／落葉広葉樹・低木

花期 5月中旬～7月

一重カシワバアジサイ

Side Note 8

秋に紅葉するアジサイ

紅葉はアジサイを含む落葉樹に見られる現象で、そのメカニズムは植物の老化反応だと考えられています。なぜ秋になると葉の色が変わるのか、色素による葉の変化のメカニズムなどについての説明は成書に譲りますが、アジサイの多くの種はモミジやカエデの葉に見られるような鮮やかな色にはなりません。ところが、カシワバアジサイやクレナイなどの一部のヤマアジサイでは、葉がきれいな赤に紅葉します。アジサイで紅葉を楽しむのであれば、葉が大きく存在感のあるカシワバアジサイをおすすめします。

紅葉しはじめたカシワバアジサイの葉

園芸アジサイ

本章でこれまで紹介してきたアジサイを人の手による育種を重ねて作出される園芸アジサイ。現在では、実に多くの園芸アジサイが登場しており、形や色のバリエーションも豊富です。ここでは代表的な園芸アジサイを紹介します。

万華鏡(マンゲキョウ)

コットンキャンディー

ミセスクミコ

ユリカ

ダンスパーティー

ジャパーニュ・ミカコ

フラウ・ヨシコ

エゾ星野(エゾホシノ)

ラグランジア クリスタルヴェール2

未来（ミライ）

水車（ミズグルマ）　水凪鳥（ミズナギドリ）

スピカ

Side Note 9

早咲きのアジサイ

アジサイは園芸店で3月下旬から販売されていますが、その多くは温室などで加温して開花させた「促成栽培」です。年間を通して順次開花可能なのは、温室栽培と暖地の一部地域に限られます。しかし、自生のアジサイでも八丈千鳥のように四季咲き性品種もあり、室内などで管理すれば、冬季でも開花させることができます。

群馬県農業技術センターが世界初のバイオテクノロジー技術を使い、タイワントキワアジサイ（常緑四季咲き性）と園芸アジサイの交配に成功し、2007年に冬アジサイ・スプリングエンジェルとしてエレガンスシリーズの3個体が品種登録され、市販されました。比較的耐寒性もあり、ベランダや室内で早春の一番花から夏、そして晩秋にかけて年間３度は花を咲かせてくれます。普通のアジサイよりも大輪の花が早く咲き、とても育てやすいのが特長です。屋外で栽培する場合は寒さで半落葉しますが、春に新芽が伸び、復活します。

今後、こうした育種が進み、品種がバラエティ化していくことが期待されています。

スプリングエンジェル（フリル）

コサージュ

ひな祭り（ヒナマツリ）

竜宮（リュウグウ）

凜（リン）

コンペイトウ

夜の調(ヨルノシラベ)

レオン

カサノバ

カラフルランジア オーローラ

スパイスNo.1

マリークレール

カメレオン

ロートシュバンツ

マダム・E・ムイエル

Side Note 10

牧野富太郎が愛した ヒメアジサイ

牧野富太郎博士は1928（昭和３）年の長野県戸隠地区周辺での植物採集の折に、民家の庭に咲いていた青色の美しいテマリアジサイを見て、「お姫様のように美しい」と感嘆して「ヒメアジサイ」と命名しました。

牧野博士が晩年を過ごした東京都練馬区（当時は北豊島郡大泉村）の邸宅の庭は、博士の大切な植物が数多く植えられており、ヒメアジサイも植えられていました。しかし、博士の没後に邸宅跡地を整備してできた練馬区立牧野記念庭園には、当初、ヒメアジサイの姿はありませんでした。現在、練馬区立牧野記念庭園にあるヒメアジサイは、2022年に博士生誕160年を記念して、高知県立牧野植物園から寄贈されたものです。なお、高知県立牧野植物園のヒメアジサイは、博士の没後に家族から枝が贈られたものを大切に育てて系統を維持してきたものなので、里帰りをした形になります。

なお、ヨーロッパではヒメアジサイはピンクに咲くので‘ロゼア’という品種名です。

第3章

アジサイと人とのかかわり

アジサイの名前あれこれ

1 名前の由来

アジサイの語源は「あづさあい（集真藍）」が約され「あづさい」となり、さらに「あじさい」に変わったと言われています。〝あづ〟は集まっている様子、〝さ〟は意味を強めるための接頭語、〝あい〟は藍色のことで、「藍色が集まったもの」を意味します。また、「あぢさゐ（味狭藍）」とも書かれ、「あぢ」は褒め言葉、「さゐ」は青い花とする説もあります。

他にどのような漢字が使われたのでしょうか。奈良時代末期に成立したとみられる我が国最古の和歌集『万葉集』では、「安治佐為」の漢字があてられています。平安時代の漢字辞典『新撰字鏡《しんせんじきょう》』には「安治左井」、辞典『倭名類聚抄《わみょうるいじゅしょう》』には「安豆佐為」とあります。

現在使われている「紫陽花」は、唐（中国の王朝）の詩人である白居易（白楽天）の詩に由来します。中国の招賢寺というお寺で名前の分からない紫色の花（アジサイとは異なる）を見た白居易は、

招賢寺に山花一樹あり　人その名を知る者なし　色は紫色に花は香気を宿し　芳麗にしてまことに愛すべし　よりて紫陽花と名ずく

と詠んだ詩を残しました。その後、平安時代に歌人兼学者である源順《みなもとのしたごう》が編纂した辞典『倭名類聚抄』の中で、「紫陽花」は日本のアジサイ（阿豆佐為）と同じものであると解釈して紹介され、そのまま広まったと言われています。このことは、アジサイが中国原産であると錯覚する原因にもなりました。なお、白居易が「紫陽花」と表現した花は、詩の内容から想像してライラックであろうという説が有力になっています。

2 さまざまある別名について

アジサイの別名は、七変化《しちへんげ》、八仙《はっせん》花《か》、四片《よひら》、手毬花《てまりばな》、額花《がくばな》など。いずれも色や形態の多様さなどが名前の由来となっているようです。

Side Note 11

まだまだある アジサイの別名

アジサイの別名は、本文で紹介した以外にも複数あり、ある地方では「またぶりぐさ」とも呼ばれていました。これは使用方法から名付けられたもので、ガクアジサイの葉を少し干してトイレットペーパーの代わりとして使用していたそうです。

ガクアジサイの蒴果＊1

図3-1

Hydrangeaは「水を入れる容器」の意味で、アジサイの果実は水瓶に似ています。

語源となった古代ギリシャの水瓶

3 学名について

動植物には世界共通の名称である「学名」が付けられています。学名にはラテン語またはギリシャ語をラテン語風綴りにして用いることになっており、アジサイの学名は*Hydrangea macrophylla*と記載します。

この学名を分解して日本語に訳すと、アジサイの特徴が分かります。Hydrangeaは、hydria（水）とangeion（器）を組み合わせた単語です。アジサイの果実は水瓶（水差し）に似ているのです（図3-1）。Macrophyllaは、macro（大きな）とphylla（葉）を組み合わせた単語です。

第1章ではアジサイの学名を*Hydrangea macrophylla* (Thunberg) Ser.と紹介しました。学名の後ろにカッコでくくられているのは命名者名、その後ろに属の変更者名を入れるというルールがあります。アジサイの学名はカール・ペーテル・ツュンベリーによって記載され、その後ニコラ・シャルル・セランジュ（フランスの植物学者）によって属が変更されたことを表しています。

ちなみに、ガクアジサイの学名は、*Hydrangea macrophylla* f. *normalis*と記します。"f."はformの省略型で品種（注：園芸品種とは異なる）を表しています。"normalis"は標準という意味です。

＊1蒴果《さくか》：熟して乾燥すると果皮が裂けて種子が飛び出る果実。

表3-1 諸外国でのアジサイの呼びかた

英語	hydrangea(ハイドランジャ)
フランス語	hortensia(オルトンシャ)
ドイツ語	hortensie(ハーテンジャ)
イタリア語	ortensia(オルテンシア)
スペイン語	hortensia(オルテンシア)
オランダ語	hortensia(ホルテンシア)
スウェーデン語	hortensia(ホチャンシア)
ロシア語	гортензия (ゴルテーンジア)
韓国語	수국(スグゥ) ※漢字では「水菊」と書きます。
中国語	绣球花(ショウチョウファ)、 八仙花(バーシャンファ)
ベトナム語	cây tú cầu(タイ・トゥ・カウ)
タイ語	ไฮเดรนเยีย(ハイデレンニヤ)
インドネシア語	hydrangea(ハイドランニヤ)、 hortensia(ホルテンシア)
ヒンディー語(インド)	हाइड्रेंजिया(ハイドレンジア)
アラビア語	الكوبية(アル・クビヤ) ※右から左に読みます。

4 諸外国でのアジサイの呼びかた

諸外国ではアジサイをどのように呼んでいるのでしょうか。

英語圏では「Hydrangea」、ヨーロッパの国の多くは「Hortensia」か、それに近い言葉で表現します(表3-1、3-2)。

'ドリップブルー'

表3-2 英語で日常使われるアジサイの名称

ガクアジサイ	Big leaf hydrangea
ヤマアジサイ	Mountain hydrangea
ノリウツギ	Panicle hydrangea
ツルアジサイ	Climbing hydrangea
カシワバアジサイ	Oakleaf hydrangea
アメリカノリノキ	Smooth hydrangea

Side Note 12

アジサイ発生の起源をたどる

日本におけるアジサイの発生は大変古いことが確認されています。宮城県仙台市にある地層「白沢層」からアジサイの化石が採取されているためです。

白沢層は、地質時代の区分でいうと『新生代新第三紀中新世』の地層となり、およそ800～600万年前にできたと考えられています。その頃に仙台市の西方にあった古仙台湖《こせんだいこ》の湖底に細かな泥や砂礫、珪藻の死骸などが降り積もってできた地層で、植物の葉や昆虫の化石が多数産出されています。

白沢層の化石としてクルミ属、カバノキ属、ブナ属、ケヤキ属などの葉が出てきているため、当時、このあたりは冷温帯性の落葉広葉樹の森が広がっていたことが明らかになっています。したがって、今の日本の気候と大きな違いはなかっただろうと推測されています。

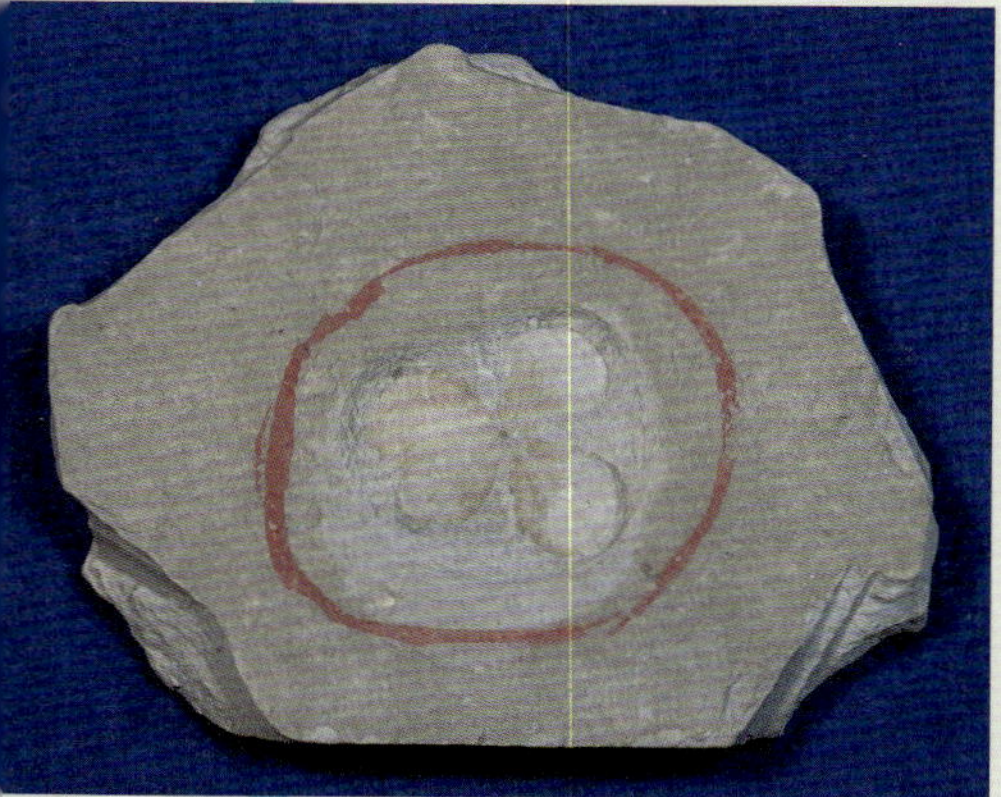

アジサイの化石（センダイアジサイ；*Hydragea sendaiensis* Okutsu）
白沢層（700万年前頃）から採取。
（提供：スリーエム仙台市科学館）

アジサイが歌に詠まれたのはいつ頃？

アジサイは昔から人々の身近にある自然の中に存在したのでしょうか。それとも庭に植えられて観賞されていたのでしょうか。いずれにしろ、奈良時代には貴族や裕福な人々の傍にあったようです。『万葉集』（奈良時代）にはアジサイに関わる和歌が二首あります。

『万葉集』（奈良時代）

言問はぬ　木すら味狭藍　諸弟《もろと》らが　練《ねり》の村戸《むらと》に　あざむかえけり　（大伴家持）

人の心はアジサイのように移り変わることを詠んでいます。

安治佐為の　八重咲く如く　やつ代《よ》にを　いませわが背子《せこ》見つつ偲ぶはむ　（橘　諸兄）

アジサイが多くの小花（装飾花）を咲かせるように、末永く元気でいられるよう祈願した和歌です。

『古今和歌六帖』（平安時代）

あかねさす　昼はこちたし　あぢさゐの　花のよひらに　逢ひ見てしがな　（詠み人しらず）

「よひら（四片）」と「よい（宵）」を掛け、昼間は目立って煩わしい、宵にお逢いしたいと詠んでいます。

『散木奇歌集』（平安時代後期）源俊頼

あぢさゐの　花のよひらに　もる月を　影もさながら　折る身ともがな

アジサイの花の四枚の花びらに留まる月の明りを見ていると、その影もそのまますべてを折り取る身となりたいものだ。

江戸時代に成立した俳句は、五・七・五の十七音を基本とした日本の定型詩です。季語を含み、アジサイは夏の季語となっています。

紫陽花や　帷子時《かたびらとき》の　薄浅黄《うすあさぎ》

（松尾芭蕉／江戸時代中期）

アジサイが咲いて、裏地のない着物を着る季節になった。その花は、淡い青緑色をしている。

紫陽花や 藪《やぶ》を小庭の 別座舗《べつざしき》

アジサイが離れの座敷から見える自然豊かな小さな庭で美しく咲いている。

（松尾芭蕉／江戸時代中期）

紫陽花に 雫あつめて 朝日かな

（加賀千代女／江戸時代中期）

紫陽花の 末一色《すえひとひろ》と なりにけり

（小林一茶／江戸時代後期）

紫陽花や きのふ（きのう）の誠 けふ（きょう）の嘘

（正岡子規／明治時代）

紫陽花の 花に日を経る 湯治かな

（正岡子規／明治時代）

アジサイがよくお寺に植えられているのはなぜ？

仏教伝来と関係しているので、概要からお話しましょう。

紀元前5世紀にインドで生まれた仏教は、中国、朝鮮（百済）を経由して飛鳥時代（538年）に初めて日本に伝わりました。すると、日本国内を仏教の力で治めようとして各地で大仏や寺院の建設がはじまり、農民たちに重い税や労働が課せられ、苦しい生活を余儀なくされました。一方、僧には税がかからなかったため、僧になって税を逃れようとする者が増え、

仏教界は乱れました。そこで朝廷は、正しい仏教を教えてくれる僧を唐から日本へ招こうと、遣唐使を送ります。そうして招かれたのが唐の高僧「鑑真」で、数々の苦難の末にようやく日本へたどり着き、僧の戒律や正しい仏教のあり方を広めました。以来、寺は〝修行の場〟として、神聖な山に建てられることが多くなりました。直射日光が当たり過ぎない斜面の土地は、アジサイが育つのに適した環境だったと考えられます。

お寺とアジサイに関する資料が確認できるのは室町～安土桃山時代になってからのことになります。医療技術が確立していない時代に、梅雨時の湿気や急激な温度変化によって流行した病により命を落とした人々を供養するためにアジサイを寺の境内に植えたとも言われています。

また、仏教の開祖であるお釈迦様の誕生日に甘茶をかけることから、アジサイの一種であるアマチャを植えたとも考えられています。歴史ある古い寺の境内には菩提樹と一緒に甘茶の木が植えられていることがあります。

アジサイの名所として知られる鎌倉（神奈川県）も三方を山に囲まれていることにより、強い日差しが遮られ、低地に向かって水が流れ落ちることで程よい湿り気が保たれ、アジサイの生育に適した地形をしています。また、アジサイの細かく密に生える根は、斜面地の土砂崩れにも役立ちます。

木々に囲まれた静かなたたずまいの寺と青色のアジサイはとても良く似合います。青色は、心を静める効果もあるとされています。鎌倉の明月院には透明感のある水色のヒメアジサイが植えられていますが、住職が第二次世界大戦で荒れ果てた人々の心を癒すために、ヒメアジサイを挿し木で増やして植えたのが始まりと言われています。

お釈迦様の誕生を祝う「花まつり」とアジサイの関係

花まつり（灌仏会）は、お釈迦様の誕生をお祝いし、子どもの身体健全・所願成就を祈る仏教行事で、宗派にかかわらず開催されており、仏教では重要なお祭りとされています。お寺のほかに仏教系の学校や幼稚園などで催されることも多いようです。

日本では、お釈迦様の誕生日として伝えられている4月8日[*1]に開催されます。花で飾り付けた小さなお堂（花御堂《はなみどう》）に誕生仏（釈迦像）を安置して、参拝者は誕生仏に甘茶《あまちゃ》を注いでお祝いします。この習わしは、お釈迦様の誕生時に天から九頭の竜が降りて甘露の雨を注ぎ、洗い清めたという言い伝えにちなんでいます。

この甘茶の原料は、ヤマアジサイの変種であるアマチャ（アジサイ科アジサイ属アマチャ）で、葉に甘みを持つものを使います。アマチャの葉は、そのままかじっても大して甘くはありませんが、この

＊1花まつりの開催：地域によっては、旧暦や翌月の5月8日に開催する寺院もあります。

葉を採んで陰干したものを煮出すと、甘みのあるお茶ができるのです。アマチャの葉を採むと甘くなるのは、フィロズルチンという甘味物質が生成されるためです（フィロズルチンは、砂糖の代替として食品や医薬品に用いられています）。なお、アマチャは苦味成分のタンニンも含んでいます。

アマチャは昔から食用とされてきた植物であり、甘茶を飲んでも害はないと考えられています。しかし、濃すぎる甘茶を飲むと嘔吐などの中毒症状が引き起こされることがありますので、多飲を避け、自宅で淹れる場合は適正量の茶葉（1Lの水に対して2～3gの茶葉）で甘茶を淹れるようにしましょう。

アジサイのおまじない

その昔、静岡県の富士市から藤枝市の一帯では、旧暦の6月1日に「アジサイ節句」が行われ、病除けを祈願してアジサイの花を玄関の戸口や門口の柱に吊っていました。しかし、今では忘れ去られ

ようとしている民間行事の1つとなりました。

そこで、全国で同じような行事が行われていないか調べてみると、各地に「アジサイ節句」の風習がありました。各地の郷土誌に載っていた例を紹介します。

・土用の丑の日にアジサイの花を入口に吊るす／厄病除けになり、その家は栄える（秋田県）

・土用の丑の日にアジサイの花をお手洗いに飾る／疫病にかからない（千葉県）

・アジサイの花をお手洗いや玄関以外の入口に吊るす／流行病の魔除けとなる（東京都）

・土用の丑の日に、アジサイの花を軒下に吊るす／お金ができる（福井県）

・丑の日の夜明けに花を取り、天井に吊るす／お金に不自由しない（鹿児島県）

一般的な方法は、6月1日（旧暦）や6月の6の付く日、土用の丑の日に、アジサイの花を摘んで葉を落として束ね、半紙や和紙でくるみ、水引や麻紐で根本を結びます。そして、出ている枝の先に麻紐などを結び付け、吊るせるようにしたら完成です。

どこに吊るすか、どのような縁起があるのかは、地域によって異なっていますが、病除けやお金に困らない縁起物としてアジサイを活用しています。

ところで、私はおまじないのアジサイの花束を意外なところで見たことがあります。ある旅館に行った時、神棚に乾燥したアジサイがのせてあるのに気付きました。女将さんに訪ねたところ、女将さんのお母様の代から行っているしきたりとのこと。昔からアジサイを縁起物として利用していたのです。

「アジサイ節句」で利用する花は、身近な庭に植えてあるものを摘んできていたようです。自分の好きなアジサイを選んで、心身ともに健康になるよう願いをこめて自宅に飾ってみましょう。

アジサイの花言葉

花にはそれぞれにふさわしい象徴的な意味を持たせた「花言葉」があります。現在広まっている花言葉の起源は17世紀のトルコで誕生したと言われています（注：諸説あります）。

当時のトルコでは、大切な人への贈り物として、文字や言葉ではなく花に思いを託して贈る「セラム

（selam）」という文化がありました。18世紀にイギリスのイスタンブール大使夫人だったメアリー・W・モンターギュがイギリスでセラムを紹介したことからヨーロッパ中に広まり、その後、19世紀にフランスのシャルロット・ド・ラトゥール女史が800以上の花言葉をまとめた著書『Le Langage des Fleurs』（花の言葉）を出版、一大ブームを巻き起こし、花言葉は贈り物や思いを伝える手段として定着しました。

日本に花言葉が伝わったのは明治初期のようです。それぞれの国の文化や風習は違うため、花言葉もゆるやかに日本に合ったものに変わっていきました。

近年では、アジサイの花言葉は、多くの花が集まって咲くことから「一家団らん」「永遠の愛」が一般的に使われているようです。また、アジサイの花色別での花言葉もあります。

このほか、品種によっても花言葉が存在するようです。世界中に沢山ある花言葉を探してみたり、自分の好きなアジサイにオリジナルの花言葉をつくってみてはいかがでしょうか。

コラム

アジサイになった男といえば

多くのアジサイ愛好家や育種家に影響を与え、日本でのアジサイの普及に大きく貢献した2名をご紹介します。

① 山本武臣氏（1920～2003年）は、失意のどん底にあった50歳頃に、ヒメアジサイの澄んだ青色に救われ、アジサイの魅力に取りつかれていきます。そこから全国各地の自生地に赴き、新種の発見や収集をしました。氏の命名した品種も多数あります。また、海外のアジサイ情報もいち早く収集して園芸雑誌などに執筆し、日本に紹介しました。講演も各地で行い、分類や世界の自生地、日本の分布、歴史や文化などを素人にも分かりやすく説明することで、アジサイの魅力を発信し続けました。

山本氏が精力的にアジサイの研究と普及に取り組んでいた時期に、日本原産であるアジサイをより多くの人に知ってもらうために設立されたのが日本アジサイ協会で、山本氏は初代会長として会の運営に携わりました。そして、晩年まで神代植物公園（東京都府中市）に自宅から珍しい品種のアジサイを運び、園路沿いに展示して、公園を訪れる人々を楽しませていました。著書も多く、『あじさいになった男』（コスモヒルズ、絶版）は山本氏の代表作です。

フランス・ブルターニュ地方で咲くアジサイ

ヨーロッパでアジサイが大人気になった理由

第1章でも紹介したとおり、幕末から明治（1800年代中盤）にヨーロッパへ渡ったアジサイは「東洋のバラ」と呼ばれ、熱狂的に歓迎されました。

ヨーロッパにおけるアジサイ開花の最盛期は6〜8月ですが、この時期は雨が少ないためカラッとしています。そして、アルカリ土壌のためアジサイは澄んだピンク色をしており、爽やかな季節にピンクや赤系統の花が咲き誇るのです。そのため、ヒメアジサイはHydrangea 'Rosea'（ロゼア。ラテン語でピンク、バラ色という意味）という品種名が付けられました。

当時の日本では、黄緑色で咲きはじめ、白・水色・青・赤紫と咲き進む様子から、アジサイは「七変化」「化け花」などとも呼ばれていました。色が変化することが心変わりを連想させ、節操を重んじる武士には好まれなかったようで、マイナーな花でした。一方、ヨーロッパでは花の色が変わることも珍重され、人気を博したのです。

1900年代に入り、ヒメアジサイ（ピンク、テマリ咲き）やトーマスホッグ（白花テマリ咲き、日本名不明）、ヤマアジサイ（濃紺色）、ベニガク（紅色）などを交配

オランダ・秋の風景（ノリウツギ）

親として、フランスをはじめ、イタリア、ベルギー、ドイツ、スイス、オランダ、イギリスなどのヨーロッパ各国で品種改良が盛んに行われました。花の色も形も豊富になったアジサイは、大正時代に「西洋アジサイ（ハイドランジア）」として日本に逆輸入されました。

同時期、園芸王国オランダでは、北アメリカ原産・アメリカノリノキの変種であるグランディフローラ（テマリ咲きの自然変異種）を選別改良し、品種化して、巨大輪になるアナベルを作出しました。アナベルは、黄緑色・純白・緑色に変化してドライフラワーにもなるため、現在、日本でも人気の高いアジサイですね（ちなみに、アナベルが日本に導入されたのは1990年代後半です）。

ヨーロッパでは、ツルアジサイやノリウツギもアジサイと同じくらい利用されています。つる性タイプのアジサイは壁面緑化に効果的で、レンガ造りの建物とよく合います。またノリウツギもアジサイ同様に品種改良され、庭木として利用されていて、フランスでは小ぶりで赤やピンク、紫色のノリウツギも作出されています。

フランスのマーケット

欧米でのアジサイの贈りかた

1800年代中盤にアジサイがヨーロッパに渡った当初、入手できたのは貴族や実業家など一部の富裕層だけでした。1900年代に入り競って品種改良が行われるようになると、アジサイは一般の人々にも手の届く花になりました。育種は、第二次世界大戦中は行われませんでしたが、1950年代から再び育種・生産が始まり、現在に至っています。

欧米では、お祝いの花としてアジサイを贈ることが多いようです。ボールタイプ（テマリ型）のアジサイが人気で、花束や室内鑑賞用の鉢物を贈るのが一般的です。室内で花を観賞したあとは、庭木、切り花、ドライフラワーなどとして利用されています。

また、ヨーロッパはガーデニングの盛んな地域ですから、アジサイの花に限ったことではありませんが、シード（タネ）や苗をたくさんつくって知人同士でプレゼントし合うこともよくあります。

コラム

アジサイと話ができる男といえば②

杉本誉晃氏（1930年～）は、農林省（現・農林水産省）に入省し、全国各地に転勤したことで種々の植物に出会い、見識を深めていきます。その技量を買われて某グループ企業のグリーンビジネスを任され、世界中を飛び回って植物流通の仕事を手掛けました。ツバキとアジサイをこよなく愛する杉本氏は、日本でのアジサイの普及を促進させるべく日本アジサイ協会の設立のために、全国のアジサイ愛好家、育種家、花き園芸市場、生産者、大学の研究者、アジサイの観光地、自治体などに働きかけ、その努力が結実する形で1998年6月6日に日本アジサイ協会が設立されました。

アジサイのニュースを聞くとどこへでも飛んで行くフットワークの軽さを持つ杉本氏。2012年にベルギーで開催された世界アジサイ会議には招待状のない状態で単独参加し、参加者と交流して、次回は日本で開催する方向で話をまとめてきます。そして、2013年に神奈川県鎌倉市の鶴岡八幡宮で世界アジサイ会議が開催されました。

心赴くままに出かけた先で幾多のアジサイとの出会いがあり、植物にも心があって、心が通じ合うと感じる瞬間があるという杉本氏。今なお現役でアジサイの普及に心血を注ぎ続けています。

Side Note 13

シーボルトは プラントハンター医師？

1796年にドイツの医学者の家に生まれたシーボルトは、大学は医学部に進みます。在学中は、医学はもとより、植物学・動物学・民俗学などを幅広く学びます。大学卒業後は開業医として働きますが、26歳の時にオランダ陸軍軍医となりました。そして、シーボルトが出島オランダ商館付医師・自然調査官として来日したのは27歳（1823年）のことです。彼がオランダから命じられたのは商館医の仕事だけではなく、日本でのあらゆる種類の学術調査の権限を与えられ、自然科学に関する情報収集もありました。

シーボルトは在日中に多くの資料を集めて持ち帰っています。その中に当時禁制品の地図や書物が含まれていたことから幕府に捕えられ（いわゆるシーボルト事件）、1829年に国外追放・再来日禁止の処分を受けることとなりましたが、持ち帰った資料は彼が見聞きして得た知識とともに、日本に関する研究書を作成する手助けになりました。

帰国後にシーボルトが編纂に打ち込んだ『フローラ・ヤポニカ（日本植物誌）』からは、彼がアジサイに興味を示していたことがうかがえます。全151図版のうち、17枚をアジサイが占めているのです。その中にはシーボルトを有名にした「オタクサ（Otakusa）」も含まれています。

シーボルトは帰国後、持ち帰った収集品の大多数が保存されるオランダのライデンに住みました。そして、日本の植物をヨーロッパの環境に慣らすために温室付きの馴化植物園を設け、さらにそれを普及させるためにシーボルト商会を設立しています。1844年には、日本より持ち帰り増殖した植物の種子や球根・苗を掲載した販売用「有用植物リスト」が初めて作られています。リストに収められた植物の中で、ユリの仲間は特に人気があり、カノコユリは高価で取引されるようになったそうです。

2007年に発行された『Complete Hydrangea』(Glyn Church著）では、シーボルトの職業をプラントハンター医師（the plant-hunter physician）と紹介しています。彼の多岐にわたる業績を端的に示した職業名と言えますね。

コンパクトに仕立てられたキッチンアジサイ

世界で一番アジサイの育種が行われている国は？

近年、アジサイの育種がもっとも盛んな国は日本で、次いでアメリカ、ヨーロッパとなっています。

幕末にヨーロッパへ渡ったアジサイは、色とりどりの豪華な西洋アジサイ（ハイドランジア）として大正時代以降たびたび日本に導入されました。しかし、日本国内で本格的にアジサイ人気が高まったのは戦後のことで、人々の暮らしに余裕ができ、生活スタイルが洋風化するとともに、人気の花になりました。

日本では、1970年代から西洋アジサイと在来種を交配して、ヨーロッパに劣らない園芸品種の作出が試みられはじめました。特に、品の良いピンク色で大きな花冠となるテマリ咲きの「ミセスクミコ」は一世を風靡しました。1984年に種苗登録の申請がされたこの品種の登場により、アジサイは〝母の日にプレゼントする花〟として定着していきました。

「ミセスクミコ」がヒットした時期に国内からさまざまな品種が登場するようになり、オランダで10年に一度開催されるフロリアード（Floriade、国際園芸博覧会）でも多数のアジサイ品種が受賞しました。フロリアード1992

ピンクアナベル

では「ミセスクミコ」「ピーチ姫」「フラウレイコ」が、フロリアード2003では鉢物の部において日本から出展した13品種のアジサイが金賞を受賞しました。

さらには、「ダンスパーティー」「テマリ・テマリ」といった屋外で丈夫に育つ品種や、色合いの変化が楽しめる「ラグーン」「レオン」、コンパクトに仕立てられた「キッチンアジサイ」などが作出され、フロリアード2012で優秀賞を受賞しています。

また、2007年には冬に咲くアジサイ「スプリングエンジェル」シリーズが作出されました。タイワントキワアジサイと園芸アジサイを交配し、未熟な種子を胚珠培養（バイオテクノロジー技術）により育てたものです（89ページ、Side Note9参照）。

アメリカでは、アメリカノリノキやカシワバアジサイから多くの園芸品種を作出しています。「ピンクアナベル」はコンパクトで耐寒性、耐暑性に優れ、日本でも人気のあるアジサイです。

ヨーロッパでは近年、ノリウツギをライム色や赤・ピンク系、紫色にした育種にシフトしています。

ノリウツギ リトルライム

世界のアジサイ情勢

ヨーロッパでは、2022年に勃発したロシアのウクライナ侵攻によりエネルギー需要がひっ迫し、生産コストが大幅に上昇しています。また、SDGsの観点から、自然環境、特に生態系を守るために殺虫剤や殺菌剤、矮化剤などの農薬使用が制限されています。そうした動向を受け、生産者は変わり咲き品種よりも単純な花で矮化剤を使わずコストが安く栽培できる品種へと移行しています。

一方、装飾的には別のラインとなっています。

近年のヨーロッパの住宅環境は狭小傾向となっており、植栽スペースが減少してコンパクト（ドワーフ）かつインドア需要の方向にあります。また、ヨーロッパはアジサイのリレー栽培が盛んで、苗生産はポルトガルやトルコで行われ、各国に供給しています。

アメリカでは庭が広く、アウトドア需要が主流です。そのため、耐寒性や四季咲き性が重視され、長期間花が楽しめるアジサイ、アナベル、ノリウツギなど修景用の品種が人気です。育種については、耐寒性と四季咲き性を求め、エンドレスサマー（四季咲きの園芸品種）やタイワントキワアジサイなどとヤマアジサイとの交雑育種が盛んに行われています。

母の日の贈り物として人気の高いアジサイ品種は？

1990年代から日本の多くの育種家の手により、欧米に引けを

ドイツのアジサイばたけ（夏の育成風景。奥の建物は苗の冷蔵保管庫）

とらない繊細で華麗な園芸品種が数多く作出されました。こうした背景もあり、アジサイは母の日の贈り物として鉢物のシェアを広げ続けています。ここでは2023年度のアジサイ鉢物の取り扱い実績をもとに人気の高いアジサイ品種を紹介しましょう（図3-2）。

第1位の「コットンキャンディ」は、花色が次第にピンク色に変化する、淡くフェミニンな色合いが素敵なテマリ咲きで、デンマーク・スクロール社が開発した品種です。花もちが長く、咲きはじめは淡い緑から白、そしてピンクに変化します。夏にはアンティークグリーン、秋には先端が赤のヴィンテージカラーになります。春から秋まで花が続く四季咲きで、半日陰を好みます。

都道府県別の生産は、愛知県が1位で、全体の半分以上のシェアです。2位は群馬県、3位は島根県、4位は埼玉県、5位は東京都となっています。

過去を含めた累計では「ダンスパーティー」が最も多く生産販売されています。

コラム
日本で開催された国際アジサイ会議

2013年6月10日～11日、神奈川県鎌倉市の鶴岡八幡宮にて日本アジサイ協会主催の『国際アジサイ会議』を開催し、海外からの参加者も含め約300名が参加しました。2日間にわたって行われた講演は、日、伊、仏、米の演者による国際色豊かな内容となりました。バイリンガルの演者の存在もあって、「アジサイの原産国が日本であること」を広めることができた有意義な会議となりました。

コットンキャンディ花色の変化のようす

園芸アジサイ名

1位 コットンキャンディ
2位 マジカルレボリューション
3位 フェアリーアイ
4位 ダンスパーティー
5位 万華鏡

期間：2023年5月1日〜6月3日
（出典：フラワーオークションジャパン）

図3-2 母の日シーズンのアジサイ鉢物 取り扱い実績

Side Note 14

アジサイの魅力を引き出す写真撮影のコツ①

ポイント1:その日の天気を味方につける

しっとりとした風情を感じるアジサイ写真を撮るなら、曇り空がおすすめです。やわらかい光が均一にあたる条件となるので、アジサイのみずみずしさを引き出すことができるでしょう。雨が降ったあとの曇り空の下で撮影すると、雨のしずくがしたたる魅力的なカットが撮れます。

木漏れ日の中で咲くアジサイも美しいものです。この撮影条件は明暗差が大いため、露出をどこに合わせるのかが難しいところですが、葉に光が当たっているときに撮影すれば、アジサイの花は綺麗に撮れ、写真全体で光を感じる1枚が撮れるでしょう。また、アナベルなど白い花の群生は、青空とよくマッチします。

アジサイは雨が似合う花ですね。

曇り空のアジサイ。しっとりとした質感が引き立ちます。

晴天の下のアナベルの美しさは格別です。

画面に光が入ると、ひっそりと優しい雰囲気になります。

第4章

アジサイを育てる

栽培のポイント

原種のホンアジサイなどガクアジサイ系の品種は、手をかけなくても花をたくさんつけますが、現在、市場に出回っているものは海外の品種や園芸アジサイが主流になっています。それぞれの特性を見極めて、剪定、施肥、灌水（水やり）、植え替えなどを適期に行いましょう。また、青系品種とピンク・赤系品種それぞれの色を出すためにはpH調整も大切です。

ここでは、上手に花を咲かせるために、〝これだけは行いたい〟栽培のポイントを紹介します。

剪定

鉢植え、地植えとも花後（6～7月）に行います。

剪定時期の目安：装飾花が緑色に変わり、ガクブチ咲きのアジサイは花が下向きになったときです。

剪定する位置：花首から2～3節目です。

アナベルの仲間の剪定時期：新枝に花をつけるので、冬季に剪定します。

鉢植えの管理方法

・植え替え

鉢物の植え替えは、アジサイが

休眠期に入り、まだ土が凍らない時期（12月）に行います（12月に凍る可能性のある寒冷地では3月以降に行いましょう）。

※植え替え時に元肥を施した場合、2月の寒肥は不要です。
※アジサイの植え替えは、主に根詰まりを防ぐために行います。ガクアジサイを交配親にしている園芸アジサイは成長が早く、根詰まりしやすいので年に1度植え替えます。根のあまり張らないヤマアジサイを交配親にしている園芸アジサイは2〜3年に1度程度で構いません。

・施肥

芽出し肥：春先（3月）に、生育の悪い株などに普通化成肥料（N（窒素）6：P（リン）6：K（カリウム）6の同比率）を1つまみ与えます。

お礼肥：剪定（6〜7月）が終わったあと、赤系品種にはN10：P10：K10の緩効性高度化成肥料を7号鉢（直径21㎝）で10粒ほど均一に播きます。青系品種の場合は半分程度の3〜5粒で構いません。

植え替え時（12月）：ピンク・赤系品種には用土を赤玉土6：腐葉土4の割合で入れ、元肥としてマグァンプK*1（大粒）を半握り（20〜25g）混入します。青系品種には用土に赤玉土5：鹿沼土3：腐葉土2の割合で入れ（弱酸性にします）、元肥として赤系品種の半量のマグァンプK（大粒）を混入します。

・水やり

冬場の休眠期にも水やりは必要です。凍る心配のない午前中に行いましょう。梅雨時は雨が降っても葉に覆われて鉢に水が入らない場合もあるので、注意が必要です。

アジサイが成長しはじめてからは、朝夕の2回たっぷりと与えます。特に、夏場は水切れに注意し、朝夕で足りないようであれば適宜与えます。真夏は寒冷紗やヨシズで直射日光を遮るか、涼しい場所に移動します。

＊1
マグァンプK：アメリカで開発された園芸用化成肥料（元肥として使います）。水に溶けにくく、植物の根が出す根酸で溶かされ、吸収されます。多少多く与え過ぎても植物が肥料焼けを起こして枯れる心配がありません。アジサイ専用のマグァンプK（N7：P18：K7：Mg6：Ca4）も市販されています。

地植えの管理方法

・植えつけ

元肥：植穴の2割程度の腐葉土、そして油粕と骨粉を適量、掘り起こした土に混ぜます。ピンク・赤系品種には緩効性化成肥料を少量加えます。

・施肥

寒肥：3月中旬以降の活動時期に向けて、2月に株のまわりに溝を掘り、ピンク・赤系品種には75g／1株、青系品種には半分程度の40g／1株を施します。

芽出し肥：春先（3月）に、生育の悪い株などに普通化成肥料（N6：P6：K6の同比率）を1株25g程度与えます。

お礼肥：剪定後（6〜7月）にはNPK同配合の緩効性化成肥料50g／1株を施します。青系品種はその半量にします。施肥後は土を被せるか、腐葉土などで覆うと効果が持続します。

・水やり

植えつけ時にたっぷり与えておけば、その後は頻繁に与えなくても大丈夫です。

夏場の日中に葉がしんなりしているのは、植物が蒸散を防ぐための生理現象ですが、朝に萎れているのは、水が不足しているという危険信号ですから、浸透するまでたっぷりと与えます。腐葉土などでマルチングをして蒸発を抑えるのも効果的です。

‘マジカルレボリューション’

Side Note 15

超入門：園芸用語解説

化成肥料

化学肥料（無機質肥料）の一種で、複合肥料に分類される。窒素（N）・リン（P）・カリウム（K）の含有量が15〜30％のものを普通化成肥料、30％以上のものを高度化成肥料と呼ぶ。

施肥方法（肥料の与え方）

元肥《もとごえ》

植物を植えつける前に施しておく肥料のこと。適した成分が配合された緩効性肥料や遅効性肥料を使う。

寒肥《かんごえ》

春先に元気な芽が出ることを目的として、冬の間に与える肥料のこと（元肥の一種）。

追肥《ついひ》

生育中に植物の生長に応じて必要な養分を追加で与えること。

お礼肥《れいごえ》

開花や収穫などが終わった後に与える肥料（追肥）のこと。

芽《め》出《だ》し肥《ごえ》

植物の芽が活動しはじめる頃に施す肥料のこと。発芽を促すために速効性肥料を使う。

肥料の性質

速効性肥料

与えるとすぐに効果が現れる肥料のこと。

遅効性肥料

肥料をまいてしばらく経ってから効果が出てくる肥料のこと。

緩効性《かんこうせい》肥料

肥料効果がゆっくり現れ、効果がある程度の期間持続する肥料のこと。肥料の表面を樹脂で覆い肥料効果が続くよう加工した「被覆複合肥料」と、緩効性の成分を使用したものの２種類がある。

剪定のコツ

毎年、株姿良く花を咲かせるためには、剪定作業が必要不可欠です。剪定のコツは大きく「剪定時期」「剪定位置」「茎の更新」の3つです。ここでは旧枝咲きのアジサイの剪定について紹介します。

・剪定時期

剪定は花の直後に行うのが原則で、7月末までには済ませるようにします。

よくある失敗は、花後そのまま放置して、秋に丈が高くなりすぎたので切り詰めたところ、次の年は葉ばかり茂って花が咲かなかったというケース。アジサイは秋から冬にかけて充実した枝先に花芽をつくります。秋が深まってから剪定すると、すでにできはじめた花芽を切り落とすことになったり、花芽がつかなかったりして花が咲かなくなるのです（なお、翌年に花が咲かない原因は凍害の場合もあります）。

・剪定位置（図4-1、4-2）

希望する大きさによって切る位置を変えます。すなわち、早く大きくしたいときは長めに残し、コンパクトにしたいときは短く切り詰めます。花の直後であれば、思い切って切り詰めても大丈夫です。

ただし、その後の生育を考えると、葉がまったく残らない〝丸坊主状態〟は避けましょう。株を大きくしたいときは、花がら＋葉1対を切り落とし、花の咲かなかった茎から飛び出た枝は、花を落とした枝と同じ高さに切り揃えます。

・茎の更新

地際から新しく伸びるシュート（若枝）は、古枝に比べて生育が旺盛です。株の若さをキープして生育するには、茎の更新が必要です。

図4-1

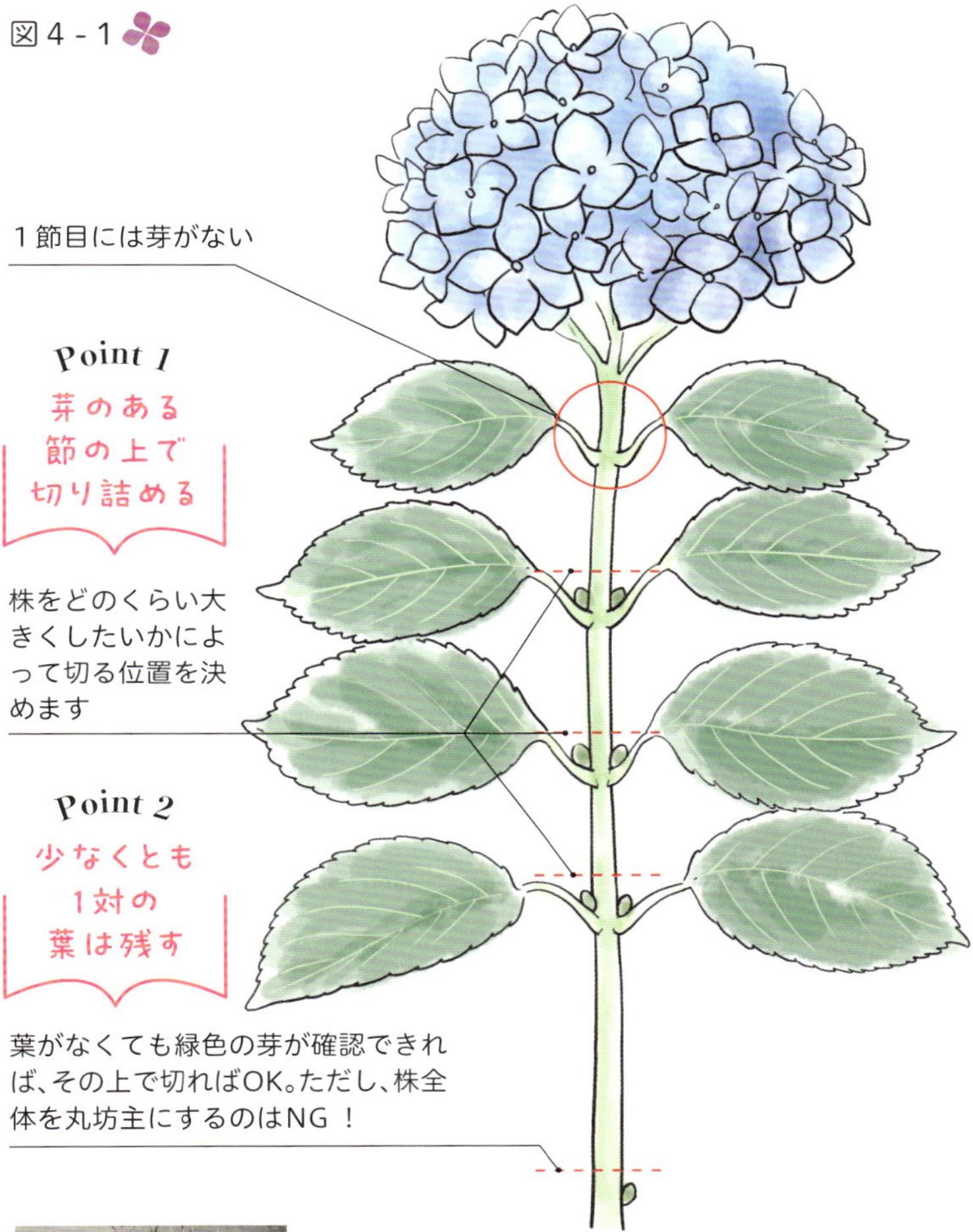
１節目には芽がない
Point 1
芽のある節の上で切り詰める
株をどのくらい大きくしたいかによって切る位置を決めます
Point 2
少なくとも1対の葉は残す
葉がなくても緑色の芽が確認できれば、その上で切ればOK。ただし、株全体を丸坊主にするのはNG！

寿命が尽きたアジサイの茎は枯れてそのまま残ります。枯れた茎や枝がたくさんあると、若い茎が少なくなったり細くなったりして、株自体に元気がなくなり、花が少なく輪も小さくなります。枯れた茎や枝は毎年取り除きましょう。この作業は花後の剪定と同時に行ってもよいですが、株全体が見やすくなる落葉後に行うのがおすすめです。

剪定前(上)と剪定後(下)

図4-2

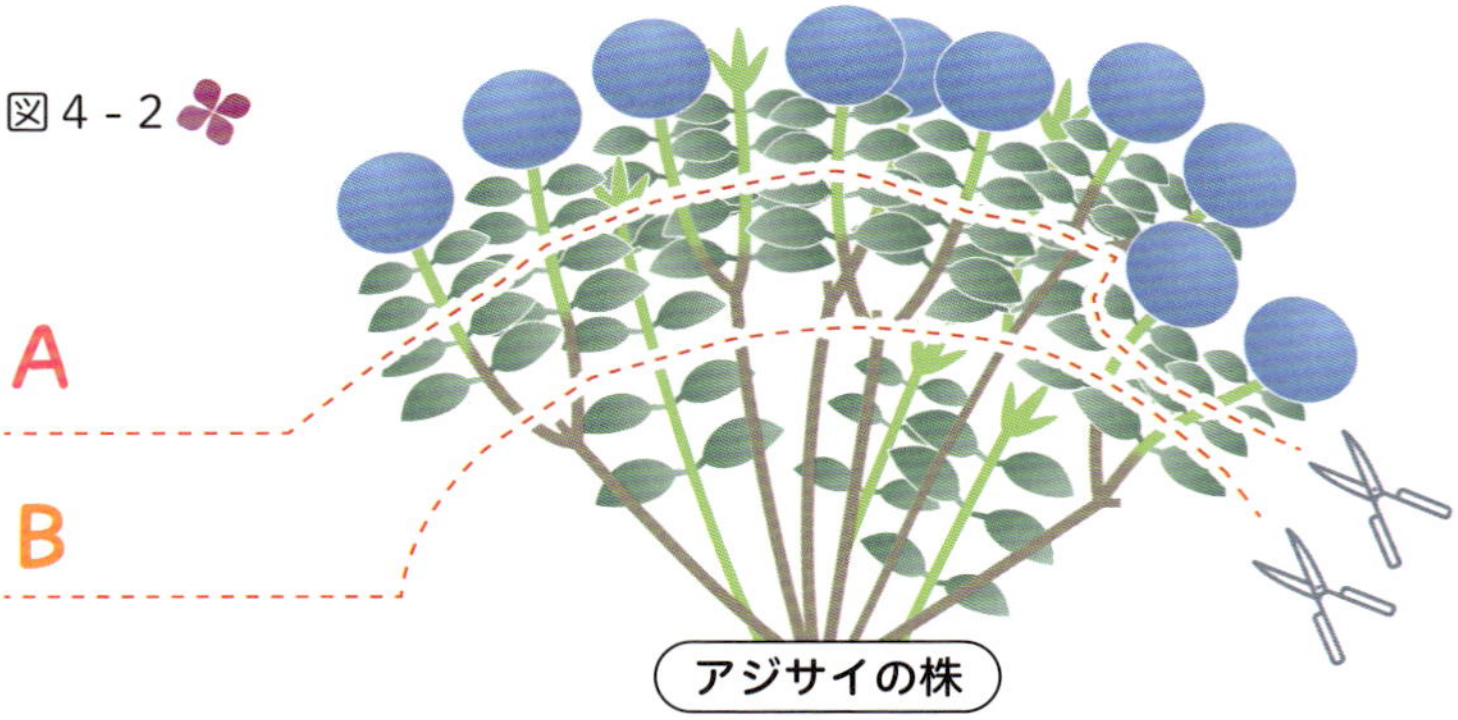

A より大株にしたい場合

長めにカット

B 樹高を低くしたい場合

短めにカット

※短めに切る場合は、剪定時期は極力早いほうが良い

カットせずに放置した場合

・カットせずに放置すると、樹高がどんどん高くなり、季節が進むと下葉から枯れ上がってきます。そうなってから短く剪定すると丸坊主状態となり、生育が一時停止します。

・翌年の開花期まで一度も剪定しなかった場合は、枝が伸びて背が高くなり、上の方にばかり花が咲くような姿になります。

毎年ピンク・赤色に咲かせる方法

　日本の土壌の多くは弱酸性で、降雨量が多いため、アルミニウムイオンを含んでいます（32ページ参照）。そのため、ピンク系品種を地植えすると、青みを帯びたピンク色に変化していきます。きれいなピンク色を保つためには用土のPHが7～7.5の中性～弱アルカリ性になるよう調整する必要があり、窒素（N）とリン（P）の多い肥料を使用していきます。

　なお、日本の水道水はPH7～8の中性～弱アルカリ性なので、水やりに使用して問題ありません。

鉢植えの管理方法

　7号鉢（直径21cm）の場合について解説します。
用土：赤玉土6：腐葉土4に元肥としてマグァンプK（大粒）を半握り（20～25g）混入します。肥料は、赤色系アジサイ専用のものを使用しても良いでしょう。
追肥：花後の剪定時（6～7月）に行います。緩効性高度化成肥料（N10：P10：K10）を10粒ほど均一に播きます。

‘ダンスパーティーハッピー’

Side Note 16

鉢植えと地植えのメリット・デメリット

鉢植え、地植えともに、メリットとデメリットがあります。

鉢植えは、花が本来持っている色を出すためのpH調整がしやすく、移動も簡単です。また、地植えにすると病気に罹りやすい品種などは鉢で育てる方が良いでしょう。デメリットとしては、限られたスペースで生育しているので、植え替えや水やりの手間がかかることが挙げられます。

地植えでは、風通しが良く、適度な日陰がある場所を選べば、たいていの品種は育ちます。花本来の色が青色の品種はそのままで良いのですが、ヨーロッパで作出されたピンク・赤系品種は、日本の土壌で長年地植えをしていると青味がかったピンク・赤系になり、色が濁ってきます。また、アジサイは植えてから2～3年で大きくなるので、場所を取ることにも留意しておきましょう。

地植えの管理方法

植穴が幅、深さとも40～50㎝程度の場合を想定して解説します。

腐葉土または堆肥を植穴の2割程度、骨粉と苦土石灰《くどせっかい》をそれぞれ一握り、掘り起こした土とよく混ぜて埋め戻します。

苦土石灰の主成分は炭酸カルシウムと酸化マグネシウムで、土をアルカリ性に傾ける効果があります。苦土石灰が効いて中性になるまで2週間程度かかるので、植える前に準備をしておきましょう。

翌年からは、苦土石灰を春先（3月下旬～4月上旬）に1㎡当たり100g程度施します。

'陽だまり'

庭にアジサイを植えるなら、どんな場所が良い？

適度に日光が当たり、風通しの良い場所が適しています。

アジサイは耐陰性がある（日陰でも咲く）ため日陰を好むイメージがありますが、基本的には日光を好む植物です。自生地に咲くアジサイを目にする機会はあまりないと思いますが、自生地では、日光が当たり根元は保湿性のある場所に群生していて、日陰では日光の当たる方向に枝を伸ばしています。庭に植える場合、品種によっては日光が当たらない場所に植えると花が咲かないものがあるので注意が必要です。

最近は、日本の育種家が作出した魅力的な園芸アジサイが数多く出回っています。購入時に付いているラベルをよく読んで、植える場所を決めると良いでしょう。

・北米原産のアジサイ

アナベルやカシワバアジサイ、ならびに、それらの園芸アジサイは、耐寒性や耐暑性に優れていて育てやすく、日本のアジサイと同じ時期に花を咲かせます。粘土質の土壌や排水の悪い場所に植えると、白紋羽病など根の病気や根腐れを起こして枯れることがあるので、注意が必要です。

・中国・台湾・東南アジア原産のタマアジサイ

アスペラの仲間は耐寒性に欠ける種類があり、寒冷地では保護が必要です。

・日本原産のアジサイ

ガクアジサイ系、ノリウツギ系、タマアジサイ系、日光が当たることによって発色するヤマアジサイ（クレナイ、ベニガク、ベニテマリなど）、濃い青色、濃い紫色のヤマアジサイ類など。

日光を少し遮った場所を好むアジサイ

・ヨーロッパで作出した園芸アジサイ

育種された地域は緯度が高く、冷涼な気候のため、耐暑性に欠ける傾向にあります。

日本では梅雨の後、晴れて高温になる時期に注意が必要です。落葉樹のまわりの半日陰くらいが良く育ちます。庭植えの場合は半日陰に植えるか、寒冷紗などで日よけをします。

・「葉」を観賞するアジサイ

直射日光の下では葉緑素の多い緑色の部分で活発に光合成が行われるため、斑入りの葉は斑の白い部分との差がつき、表面が凸凹になります。半日陰に植えた方が美しい葉が観賞できます。

・一部のヤマアジサイ

桃色ヤマアジサイなど色が固定されているもの、薄い青系、白系、性質の弱いものは半日陰が良いでしょう。

・母の日の贈り物用鉢植え

5月に出荷するために温室で加温されています。また矮化剤（ホルモン剤）を使ってコンパクトに仕立ててあるものもあり、翌年花が咲かないこともあります。花後は半日陰で様子を見て、翌年に定植する方が無難です。

＊＊＊

日照以外の庭植えのポイントもあわせて紹介しておきます。

・樹高や葉張りなど

アジサイが本来の大きさになる

ことを考えて植える場所を選びましょう。カシワバアジサイやノリウツギ・ミナヅキ、玉アジサイ、ガクアジサイ系の原種など、大きくなるものは一番奥に植えます。

・配色

アジサイは酸性で青色、アルカリ性で赤色の花色になります。ブロック塀や建物の基礎コンクリートの近くは石灰質が溶け出てアルカリ土壌になっていることが多いため、ピンク・赤系品種のアジサイを植えると良いでしょう。

また、青系品種とピンク・赤系品種ではpH調整のための施肥や管理のしかたが違うので、両方の色のアジサイを植える場合は、その間に色素を持たない白系品種を植えるのも一案です。

庭で小さなアジサイを育てる

ガクアジサイやそれらの園芸品種は大きく育つものが多く、ある程度のスペースが必要です。一方で、株が小さく作れるヤマアジサイ、ヤマアジサイとガクウツギとの交雑種、コガクウツギの八重咲などはコンパクトなスペースで育てるのに適しています。最近は小型で多くの花を咲かせる園芸アジサイも出ています（表4-1）。

どうしても植えたい園芸アジサイがある場合、一番低い芽2〜4個と葉4〜6枚を残し、その上部で切ると、一般的な剪定方法より樹高が低く抑えられます。秋まで花を観賞したいときは、前述の方法で芽と葉を残し、花後に芽の上を剪定しましょう。

矮性（小型種）アジサイ‘HBAジップ’

表4-1 小型のアジサイ（一例）

【園芸アジサイの小型種】

・コメット：ピンクから紅色のテマリ咲き。最も小型の1つ。
・レッツダンス ビッグイージー：秋色アジサイまで楽しめる。
　樹高60〜90cm。
・フレンチボレロ：葉が小さく樹高100cm。
　すべての側芽から花が出る。
・白てまり：白色テマリ咲き。両性花は淡い紫色。
・（ラグランジアシリーズ）クリスタルヴェール、ブライダルシャワー、
　シャンデリーニ：園芸アジサイとコガクウツギの交雑種。

【その他の小型種】

・ノリウツギ
　リトルホイップ：樹高100cm。花は白から薄ピンクに変化する。
　ポールスター：樹高50cm。ガクアジサイのように咲く。
・カシワバアジサイ
　ピーウィー：樹高50〜100cm。
・アナベル（アメリカノリノキ）
　ライムのアナベルコンパクト：樹高100〜150cm。
　花はライムグリーンから白、さらに緑に変化する。

気をつけたい病気・害虫

アジサイの病気

アジサイは自然の中ではあまり病気にかかりません。しかし、愛好家は少しでも多くの品種を育てようと、隙間なく苗を植えがちです。そうすると風通しが悪くなり、株元に日が当たらず、病気にかかりやすくなります。密集していると感染しやすくなり、見逃すと1週間ほどで病気が周囲に広がります。苗を定植するときは、スペースに余裕を持たせましょう。

・アジサイ葉化病（ファイトプラズマ）

一番怖いアジサイの病気で、治療方法がないため、見つけ次第掘り起こして処分します（各自治体の可燃物処理に従ってください）。放置すると、周囲のアジサイに感染して全滅します。周辺の自生地を守るためにも注意しましょう。

葉化病（ファイトプラズマ）のアジサイ

葉化病は、ファイトプラズマと呼ばれる細菌によって引き起こされます。病状はガクや花が濃い緑色に、さらに照りのある濃緑色に変化して厚みを増し、葉に似た形になることもあります。ヨコバイなどの昆虫が媒介します。

・モザイク病

　アジサイ全体に薄黄色のまだら模様が入り、葉や花が変形します。ウイルスが原因で発生する病気で、治療法はありません。

　このウイルスは、人の手やはさみ、ナイフに付いた樹液によって他のアジサイへと感染します。しかし、主な感染源はアブラムシなので、予防は殺虫剤の散布が有効になります。この病気を見つけたら、根まで掘り起こして、ファイトプラズマと同様にすべて焼却します。

・うどんこ病・炭疽《たんそ》病・斑点病・褐斑《かっぱん》病

病気が発生したら、市販の農薬で早目に処理しましょう。

アジサイの害虫

アジサイ自生地で、害虫により弱った株や枯れた株はほとんど見ることがありません。以下に紹介する害虫には家庭園芸用の農薬であるアセフェート（商品名：オルトラン）の粒剤がよく効きます。鉢の上に適量、もしくは、庭に植えたアジサイの枝下を4〜5㎝掘って適量を撒き、土をかけておくと長期間効果がみられます。

　しかし、殺虫剤はハダニなどのごく小さな虫に利用するにとどめて、見える虫は手作業で捕まえましょう。

・ハダニ

　ハダニは葉の裏につき、養分を吸い取るため、葉にまだらな淡く変色した斑点が広がってきます。その葉の裏側に赤みのあるごく小さな点が見えたら、ハダニかもしれません。高温で乾燥する気候を好み、水に弱いので、葉の裏面に水をかけるのが予防策です。

・アザミウマ（スリップス）

花や葉・茎・果実をかじりながら樹液を吸います。花や葉は被害を受けた場所にかすり状の白い斑点を生じます。葉に卵を産み、幼虫は葉を食べて成長します。体長は1～2㎜で細長い体型をしており、7～9月頃に発生します。

・アブラムシ

若い葉の裏に群生して樹液を吸います。排泄物に粘性があり、葉に脱皮殻やホコリが付くと、すす病が誘発されることがあります。牛乳をスプレーすることでアブラムシを退治することができます(日のよく当たる時にアブラムシ全体へ霧吹きで牛乳をかけます)。

・アジサイハバチ（幼虫）

ハバチ（蜂の仲間）の幼虫（体長1～2㎝）で、アジサイの葉や蕾・花を食害します。葉に円形や楕円形の穴が並んでいたら、幼虫が潜んでいる可能性があります。ハバチの幼虫は体長1～2㎝の細長い体型で淡い緑色です。見つけて駆除しましょう。木酢液にニームオイルと善玉活性水を加えた天然由来忌避剤が販売されています。

・コウモリガ（幼虫）

幼虫は茎や枝の中に入り込み、髄を食べます。茎にあいた穴から細かな木屑を丸めたような糞が飛び出しており、一目でコウモリガの被害とわかります。被害を受けた幹は切り取り、処分します。幼虫は5～6月頃にアジサイなどの幹に移動して、幹や枝に穴をあけて侵入します。

アジサイハバチと食害を受けたアジサイ

図4-3 穂木取りの位置

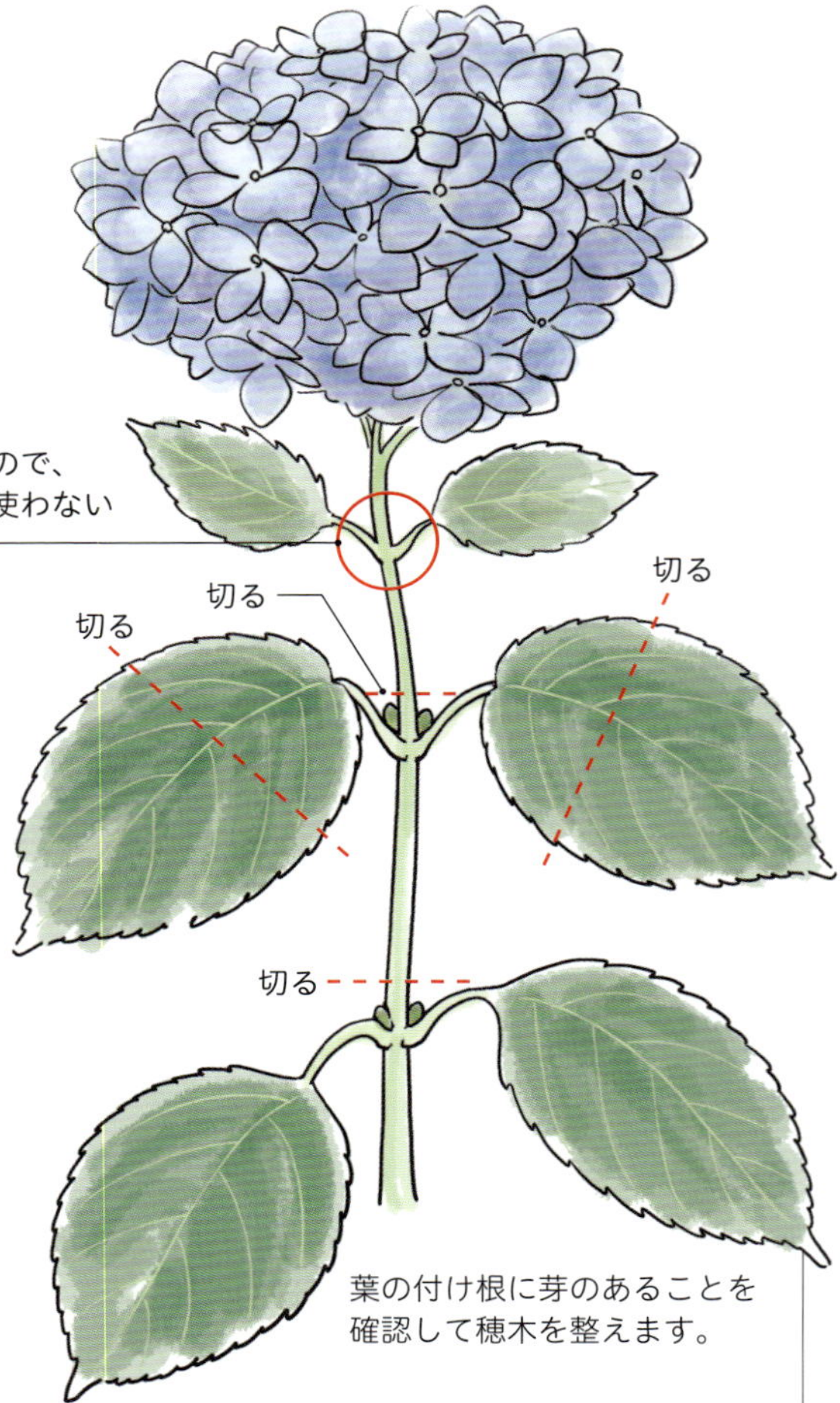
ここには
芽がないので、
この節は使わない

葉の付け根に芽のあることを
確認して穂木を整えます。

アジサイの増やしかた

アジサイは挿し木の容易な植物で、通常、挿し木により増やせます。挿し木で増やした場合、親と同じ性質を持つ同一品種ができます。ここでは、今年伸びた新しい緑色の枝を使う「緑枝挿し」の手順を紹介します。

・適期

適期は4月中旬〜7月中旬です。花後の剪定時期に行うと、ピンチをする機会がなくなり、挿した苗の花数は1〜2輪となりますが、整姿と繁殖が同時に行えます。7月中旬以降でも活着はしますが、翌

図4-4 整えた穂木

穂木は乾燥させないように注意します。

図4-5 発根剤処理

年の開花は望めなくなります。

・枝選びのポイント

今年伸びた枝の中から、病害虫の発生のない元気な枝を選びます。肥料不足で黄ばんだ枝や、水切れでしおれた枝は活着がよくありません。また、伸びたばかりの若い柔らかな枝ではなく、ある程度硬くなったものの方が無難です。ミスト装置など保湿コントロールが整っている場合は、柔らかな枝先でも活着します。通常、花のすぐ下の葉の元には芽ができないので、この部分は使いません（図4-3）。

・穂木の整えかた

よく切れる剪定バサミなどを用いて1節ずつに切ります（図4-4）。茎を水中で切ると（水切り）、水揚げが良くなります。葉の大きさを1/3~1/2ほどに調整します。調整した穂木は15分程度水に浸け、水揚げをします。なお、穂木を2節で整えて下1節の葉を取り、1節目が挿し土に隠れるまで差し込めば、発根や生育が良くなるので、初心者にはおすすめです。

必須ではありませんが、このタイミングで発根剤処理をします（図4-5）。

・挿し土の準備

　バーミキュライトとパーライト1：1、または鹿沼土単用がおすすめですが、肥料分がなく保湿と水はけの良い清潔な用土であれば、他の用土でも構いません。

　挿し床に棒などで穴を開け（図4-6）、穂木を挿して株元をしっかり押さえます（図4-7）。挿し終わったら、水をたっぷりかけます。そして、寒冷紗などで日よけをして、適湿を保ちます。特に、最初の1週間は乾燥させないように十分に注意しましょう。

・鉢上げ

　成長した苗を鉢に移すことを鉢上げと言います。約2カ月後、十分に発根したら鉢上げを行います。

図4-6 挿し土の準備

まず、挿し床の土に水をやり、挿し穴を開けます。挿し穴を開けずに直接穂木を挿すと、切り口が傷みます。

図4-7 押さえ

穂木と用土が密着するように、しっかり押さえます。

Side Note 17

アジサイは接ぎ木できるか？

以前、ヨーロッパの展示会で１株に複数の品種を接ぎ木してあるものを見たことがあります。しかし現在、営利栽培においては接ぎ木栽培しているところは確認できません。

アジサイの接ぎ木は「新梢接ぎ」で行います。3月下旬頃に一枝ごとに花芽分化した休眠枝を接ぎます。アジサイは茎が木質なので、“台木”は株元の低い位置（木化したところ）を選びます。接ぎ木専用ナイフなどを使い、台木の枝と“穂木”の太さを合わせます。難易度は高く、日光と湿度調整などの管理が成功のポイントです。なお、接ぎ木の作業をした翌年は枯死するため、花は咲きません。

アジサイの接ぎ木は、種類によっては困難なものもありますが、樹形が高木になるノリウツギなどは、スタンダード仕立て[*1]に接ぎ木し、幹にいろいろな品種を接ぎ木して楽しめるかもしれません。挑戦してみませんか。

＊1　スタンダード仕立て：幹を真っすぐに伸ばし、頂部の枝を残して途中の枝を取り除いた仕立てかた。

接ぎ木の手順

台木：安行四季咲き
穂木：ラグランジア ブライダルシャワー

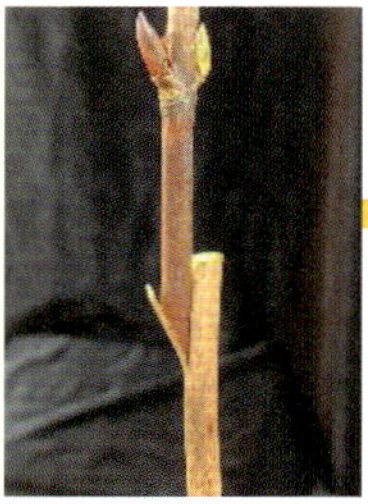

接いだ枝をテープで固定し、穂木の乾燥を防ぐためにビニール袋を被せる。

養生ビニールトンネル

カルス（細胞塊）が形成され、新芽が動き出した状態。

新品種のつくりかた

園芸アジサイは数千品種以上あると言われています。現在も活発に改良が進められており、毎年新たに数十品種が発表されています。

アジサイを増やす方法として挿し木を紹介しましたが、挿し木は同じアジサイを増やすのには有効ですが、新しい品種を作るためには種子から育てる必要があります。

まず、交配作業を行うために必要な知識であるアジサイの花の構造について解説しましょう。

・アジサイ特有の花の構造

一般にアジサイの〝花〟と思われている部分は花冠（花房）といい、複数の小花が集まって作られています。花房を構成する小花には2種類あります（詳細は22ページ参照）。

1つは、ガクブチ咲きアジサイの中心部分に数多く集まっている「両性花」で、雄雌両方の機能を持っています。もう1つは、両性花の周りを取り巻くように配されていて、花びらのように見えるガク片が目立つ「装飾花」です。装飾花には雌の機能はなく、結実することはありませんが、花粉はきちんと出るので、雄の機能は正常です。

テマリ咲きは両性花の多くが装飾花に変化したもので、多くはテマリ咲きにも隠れた形で両性花が少数残っていて、雌親として交配にも利用可能です（まれに両性花がまったくなかったり、開花前に脱落してしまう種類もあります）。

・受粉の準備

両親を特定して交配をする場合には、自家受粉を防ぐために、両性花が蕾のうちに、各花に10本ずつある雄しべを取り除く必要があ

図4-8 受粉作業

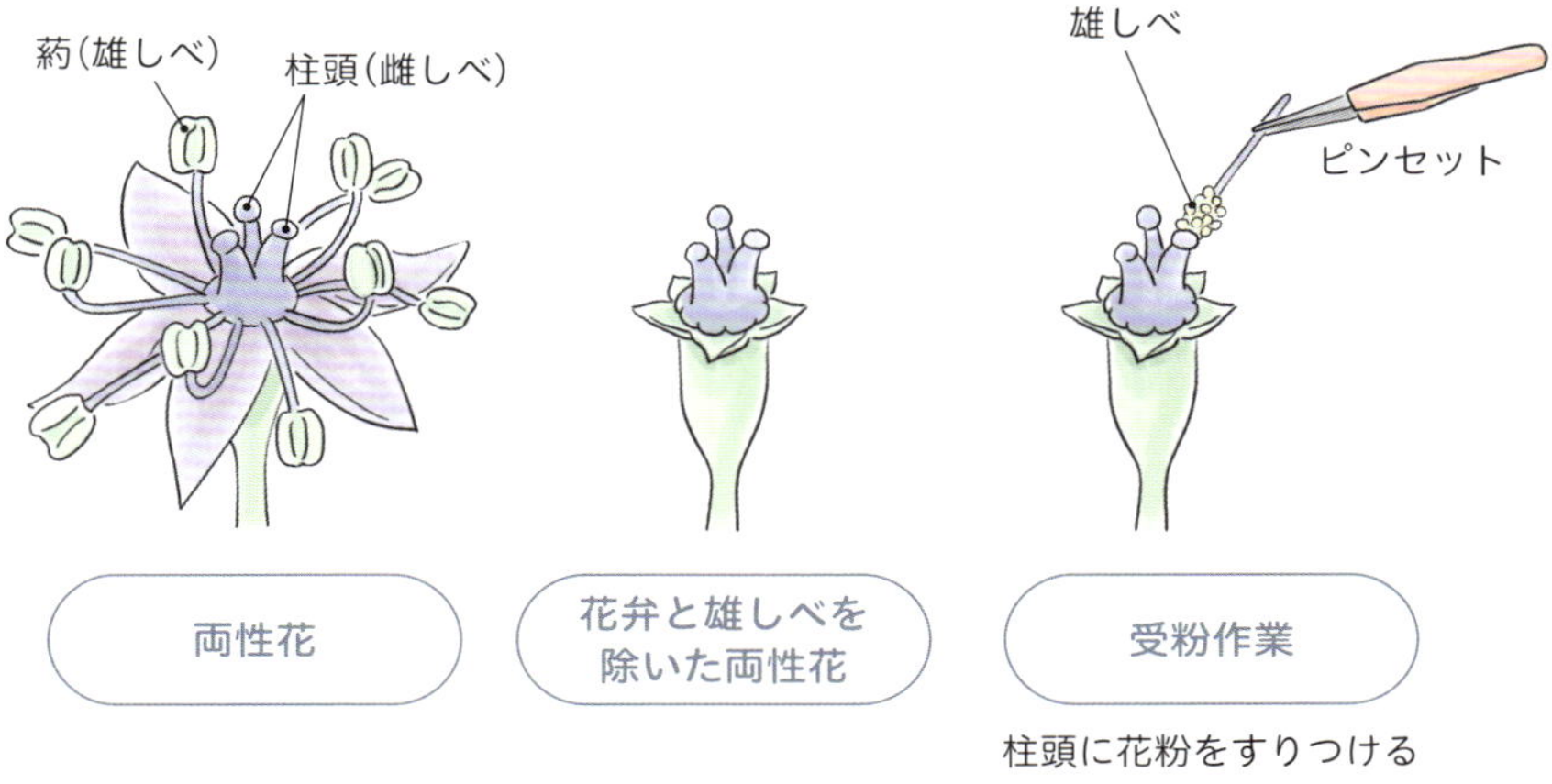

ります。

受粉用の花粉を取る品種は、おおよその開花時期を合わせるように、開花調整が必要になることもあります。アジサイの花は、雄しべ（花粉）と雌しべ（柱頭）の成熟時期が多少ズレています。開花後すぐに花粉は出ますが、柱頭の成熟は数日後となります。

・受粉作業（図4-8）

適期になったら、柱頭（花の中心部に位置し、先が3つに分かれている）に優しく受粉します。小花や雄しべをピンセットでつまんで柱頭に直接すりつけてもOKですし、貯蔵した花粉を綿棒や細い筆で受粉する形でも構いません。ただし、花粉の寿命は数日〜1週間程度のようですから、長期間の貯蔵は難しいです。

柱頭の成熟時期の判断がつきにくい場合は、2〜3日ほど開けて、数回受粉すると確実です。交配した部分には、交配日と交配親を記録した札を付けておきます。

うまく受粉すると、2〜3週間後に果実が膨らんできます。

‘粉雪’

図4-9 アジサイの果実

収穫時期の果実

さやが大きく膨らんだ果実

・種子の収穫（図4-9、図4-10）

熟してさやが茶色くなったものは随時収穫します。さやが変色してから長時間経過すると、種子を取り出す際にさやが砕けて、種子とゴミを選別するのが非常にやっかいになります。完熟まで待つと、200日以上かかることがあります（筆者は作業の都合上、交配から150日を目安に採取しています）。緑色の状態で採取したものを紙袋に入れて、数日〜1週間程度乾かすと、果実の口が開いて種子を取り出しやすくなります。

採れる種子数にはバラツキが大きく、充実したさやには数百粒の種子が入っていますが、1〜2粒しか入っていないこともあります。

種子の寿命は短いようで、冷蔵庫で保存しても1年ほどで発芽率は半分程度に低下します。早めに蒔くようにしましょう。

図4-10 アジサイ種子（左）とゴマ（右）の比較

アジサイの種子は非常に細かい。

図4-11 用土の準備

図4-12 播種

均等に蒔くための用紙を準備する。用紙のお尻側にタップする意味で＜＜マークを入れる。

・播種（図4-11、図4-12）

冬季の保温（最低10℃程度）ができる場合には取り蒔きとし、保温設備がない場合には翌春の播種とします。

アジサイの種子は薄い飴色をしていて非常に小さく、取り扱いには注意が必要です。

播種用の用土の準備は、2号程度の素焼き鉢に7分目ほど水苔を詰め、その上に鹿沼土の細粒を乗せます、さらに表面には細かく振るった鹿沼土を薄く敷きます。

次に、播種用具を作ります。名刺サイズの腰のある紙の片側の角を斜めに切り落とし、縦半分に折り目を付けた樋状の形状にします。種子を用紙に乗せ、角を斜めに切り落とした側の端を持ち、反対側を指で後ろから軽くタップすると、種子が折り目の端から少しずつこぼれ落ちるので、落ちた場所を確認しながら均等に蒔いていきます。

図4-13 発芽の様子

これくらいの大きさになったら
移植可能。

図4-14 実生

生育にバラツキの出ることが多い。

・発芽～育苗

2～3週間で発芽が始まり、1～2カ月ほどで移植できるようになります（図4-13）。

順次鉢上げを行いながら、各ステージで選抜を行います。図4-14にあるように、生育にバラツキがあることが多く、虚弱なものや茎が柔らかく直立しないもの、病気の出やすいものは、判別がつき次第淘汰します。

播種から1年～1年半後（交配から2年後）に開花します。

花の特性は、年次や株のサイズ、栽培環境により変化することが多いので、選抜は数年かけて段階的に行います。最終的には、栽培の難易や市場性も含めてリリースを判断します。

交配から命名発表までは、7～10年ほどを要します。

‘歌合せ’

Side Note 18

自分で増やしたアジサイを売ってはいけないの？

園芸アジサイの中には、知的財産権の１つである種苗法で育成者権を保護されているものがあります。購入したアジサイに添付してあるラベルを見てください。そこに「PVPマーク」があるものは農林水産省に品種登録しており、特許を取得しています。特許の権利とは、登録品種の種苗、収穫物および一定の加工品を独占的に利用することができるというもので、登録日から25年間守られます。

現在、品種登録したアジサイを販売する場合は、登録品種表示することが義務化されています。そして、育成者権者の許可を得ずに増殖して譲ったり、販売をすることは禁じられています*。園芸店で購入したり、他人から譲ってもらったアジサイが品種登録されていることを知らずに、自家増殖して他人に譲渡したり販売したりすると、違法となり罰せられます（違反をすると10年以下の懲役か、１千万円以下の罰金が科せられます）。

近年、日本で創られた品種が盗まれるケースが多発しており、深刻な問題となっています。これを防止するために種苗法が改正されています（育成者権者が種苗の海外への持ち出しや国内での栽培地域を制限できるようになっています）。違反行為に該当するか不安を感じる人は、農林水産省などの関係機関に確認してください。

＊ 登録期限が切れた品種や在来種は「一般品種」と呼ばれ、誰でも自由に利用することができます。

Side Note 19

アジサイの魅力を引き出す写真撮影のコツ②

ポイント2:「寄り」と「引き」を意識する

アジサイの群落を撮るときには、スケール感を意識しましょう。少しでも高い場所から撮ると、群落の広さを感じられる写真が撮れます。高い場所がなければ、腕を伸ばして画面を見ながら撮りましょう。逆に、アジサイ小径などでは、しゃがんで低い位置から撮影することで奥行きを感じられる写真が撮れます。

また、自分のお気に入りのアジサイを見つけたら、花に近づいてアップで撮るようにすると、その美しさが際立つ１枚が撮れます。

さらには、アジサイと建物やお店、生垣などを組み合わせて撮れば、アジサイの魅力とともに季節を感じる街角写真ができあがります。

なお、最近ではスマートフォンのカメラで撮影する人が多くなっています。普段縦位置で使っているので、縦位置のまま撮影する人が多いようですが、広がりを表現できるので、横位置で撮影することをおすすめします。

低い位置から撮る。

高い位置から撮る。

街の風景を入れて撮る。

アップで撮る。

第5章

アジサイを楽しむ

見て楽しむ

アジサイ名所一覧

ここでは全国のアジサイ名所を厳選して基本情報を紹介します(詳細や最新情報はQRコードから確認してください)。アジサイを楽しめるスポットは、ここに紹介した以外にも数多くありますので、自分のお気に入りの場所を見つけて楽しんでください。

※掲載内容は発行当時の情報です。ご了承ください。

北海道 | **1**

市民の森

〒042-0914
北海道函館市湯川町327-1
ヤマアジサイ、ガクアジサイ、エゾアジサイ、アナベルなど約20種類/1万3,000株/7月下旬~8月上旬

北海道 | **2**

伊達《だて》市《し》有珠《うす》善光寺《ぜんこうじ》

〒059-0151
北海道伊達市有珠町124
ガクアジサイ、ヤマアジサイ、アナベルなど/1,000株/7月中旬~8月中旬

北海道 | **3**

せたな青少年旅行村(あじさい広場)

〒049-4825
北海道久遠郡せたな町瀬棚区西大里
約10種類/3万株/7月下旬~8月中旬

青森県 | **4**

龍飛崎《たっぴざき》

〒030-1711
青森県東津軽郡外ヶ浜町字三厩龍浜地内
園芸アジサイ/1万株/7月~9月

青森県 | **5**

石川大仏公園

〒036-8124
青森県弘前市大字石川字大仏1
ガクアジサイなど／2,500株／6月下旬〜7月下旬

岩手県 | **6**

みちのくあじさい園

〒021-0221
岩手県一関市舞川字原沢111
ヤマアジサイ、ヒメアジサイなど500種類／5万株／6月下旬〜7月下旬

岩手県 | **7**

赤沢のあじさいロード

〒028-3447
岩手県紫波郡紫波町宮手陣ケ岡69
ホンアジサイ／5,000株／6月下旬〜7月中旬

宮城県 | **8**

資福寺《しふくじ》

〒981-0931
宮城県仙台市青葉区北山1-13-1
ガクアジサイ、園芸アジサイ／1,000株／6月下旬〜7月中旬

宮城県 | **9**

野草園《やそうえん》

〒982-0843
宮城県仙台市太白区茂ヶ崎2-1-1
エゾアジサイ／沢地150mにわたり群生／6月下旬〜7月上旬

宮城県 | **10**

国営みちのく杜《もり》の湖畔《こはん》公園

〒989-1505
宮城県柴田郡川崎町大字小野字二本松53-9
アナベル、ヤマアジサイ、園芸アジサイなど／4,000本／6月下旬〜7月中旬

秋田県 | **11**

雲昌寺《うんしょうじ》

〒010-0683
秋田県男鹿市北浦北浦字北浦57
（青いアジサイ）／1,500株／6月中旬〜7月上旬

秋田県 | **12**

翠雲《すいうん》公園

〒018-4263
秋田県北秋田市三木田字関ノ沢173-186
ガクアジサイ、エゾアジサイなど9種類／2,500本／7月中旬〜8月上旬

山形県 | **13**

東山《ひがしやま》公園あじさいの杜《もり》

〒996-0002
山形県新庄市金沢山3070-8
ガクアジサイ、ヤマアジサイ、コアジサイなど／4万5,000株／6月下旬〜7月中旬

福島県 | **14**

高林寺《こうりんじ》

〒964-0111
福島県二本松市太田西田1
ガクアジサイなど約30種類／5,000株／6月下旬〜7月中旬

福島県 | **15**

土合舘《どあいだて》公園

〒960-1241
福島県福島市松川町土合舘7
ガクアジサイ、園芸アジサイ／5,000株／6月下旬〜7月中旬

福島県 | **16**

ジュピアランドひらた

〒963-8201
福島県石川郡平田村蓬田新田蓬田岳437
約825種類／2万8,000株／7月上旬〜下旬

茨城県 | **17**

北茨城 あじさいの森

〒319-1538
茨城県北茨城市華川町小豆畑1138〔そば道場（飲食店）地内〕
ヤマアジサイ、エゾアジサイ、園芸アジサイなど1,500種類／３万株／６月中旬〜７月中旬

茨城県 | **18**

涸沼《ひぬま》自然公園

〒311-3124
茨城県東茨城郡茨城町中石崎2263
約30種類／１万株／６月中旬〜７月上旬

茨城県 | **19**

大宝《だいほう》八幡宮 あじさい神苑

〒304-0022
茨城県下妻市大宝667
ガクアジサイ、カシワバアジサイなど／4,000株／６月上旬〜７月上旬

栃木県 | **20**

太平山《おおひらさん》神社表参道

〒328-0054
栃木県栃木市平井町659
ガクアジサイ、ヤマアジサイなど／2,500株／６月中旬〜７月中旬

栃木県 | **21**

黒羽城址《くろばねじょうし》公園

〒324-0234
栃木県大田原市前田1020
ガクアジサイ、ホンアジサイなど／6,000株／６月下旬〜７月上旬

群馬県 | **22**

下仁田あじさい園

〒370-2603
群馬県甘楽群下仁田町馬山1471-1
２万株／６月上旬〜下旬

群馬県 | **23**

小野池あじさい公園

〒377-0008
群馬県渋川市渋川（上ノ原）2979
ガクアジサイ、ホンアジサイなど約20種類／8,000株／６月中旬〜７月下旬

埼玉県 | **24**

ふじとあじさいの道

〒347-0105
埼玉県加須市騎西535-1
ガクアジサイ、アナベルなど／１万株／６月中旬〜下旬

埼玉県 | **25**

幸手権現堂堤《さってごんげんどうつつみ》(県営権現堂公園)

〒340-0103
埼玉県幸手市大字内国府間887-3
アナベルなど／１万株／６月上旬〜下旬

千葉県 | **26**

本土寺《ほんどじ》

〒270-0002
千葉県松戸市平賀63
ガクアジサイ､ヒメアジサイ､ウズアジサイなど／１万株／６月上旬〜下旬

千葉県 | **27**

服部農園《はっとりのうえん》あじさい屋敷

〒297-0042
千葉県茂原市三ヶ谷719
ガクアジサイ、アナベル、カシワバアジサイ／１万株／６月〜７月上旬

千葉県 | **28**

麻綿原《まめんばら》高原

〒298-0266
千葉県夷隅郡大多喜町筒森1749
ホンアジサイ／２万株／６月下旬〜７月中旬

千葉県 **29**

上之郷《かみのごう》アジサイ園

〒299-4413 千葉県長生郡睦沢町上之郷1006
ヤマアジサイ、ガクアジサイなど300種類／500株／5月下旬～7月上旬

千葉県 **30**

あじさい遊歩道

〒289-2241
千葉県香取郡多古町多古1069-1
ヤマアジサイ、ガクアジサイ、タマアジサイなど／1万株／6月上旬～中旬

東京都 **31**

高幡《たかはた》不動尊《ふどうそん》(真言宗智山派)

〒191-0031
東京都日野市高幡733
ヤマアジサイなど約250種類／7,800株／5月下旬～7月初旬

東京都 **32**

京王井の頭線沿線

東京都世田谷区など
ガクアジサイ、園芸アジサイ／2万4,000株（全体）／6月中旬
スポット：新代田駅～東松原駅間、東松原駅～明大前駅間、西永福駅～浜田山駅間、久我山駅～三鷹台駅間など

東京都 **33**

神代《じんだい》植物公園

東京都調布市深大寺元町5-31-10
ヤマアジサイ、ガクアジサイなど130種類／500株／6月上旬～7月上旬

東京都 **34**

わんダフルネイチャーヴィレッジ(東京サマーランド)あじさい園

〒197-0832
東京都あきる野市上代継600
アナベルなど約60種類／1万5,000株／6月中旬～7月初旬

東京都 **35**

府中市郷土《きょうど》の森博物館

〒183-0026
東京都府中市南町6-32
ガクアジサイ、アナベルなど／1万株／6月中旬～7月上旬

神奈川県 **36**

明月院《めいげついん》

〒247-0062
神奈川県鎌倉市山ノ内189
ヒメアジサイ／2,500株／6月上旬～下旬

神奈川県 **37**

鎌倉《かまくら》長谷《はせ》寺《でら》

〒248-0016
神奈川県鎌倉市長谷3-11-2
ガクアジサイ、ヤマアジサイなど40種類以上／2,500株／5月下旬～7月上旬

神奈川県 **38**

箱根登山電車

〒250-0398
神奈川県足柄下郡箱根町
園芸アジサイ／株数不明／6月中旬～7月中旬

神奈川県 **39**

相模《さがみ》原《はら》麻溝《あさみぞ》公園

〒252-0328
神奈川県相模原市南区麻溝台2317-1
ヒメアジサイ、アナベルなど約200種類／7,400株／5月下旬～8月

神奈川県 | **40**

相模原北公園《さがみはらきた》

〒252-0134
神奈川県相模原市緑区
下九沢2368-1
ヤマアジサイ、アナベル、園芸アジサイなど200種類／1万株／6月上旬～7月中旬

神奈川県 | **41**

横浜・八景島《はっけいじま》シーパラダイス

〒236-0006
神奈川県横浜市金沢区
八景島
ガクアジサイ、園芸アジサイなど／2万株／6月上旬～7月上旬

神奈川県 | **42**

開成町《かいせいまち》「あじさいの里」

〒258-0028
神奈川県足柄上郡開成町
金井島1421
ガクアジサイなど／5,000株／6月上旬～中旬

山梨県 | **43**

うつぶな公園

〒409-2305
山梨県南巨摩郡南部町
内船3710-4
90種類／3万株／6月中旬～下旬

山梨県 | **44**

猿橋《さるはし》近隣公園

〒409-0614
山梨県大月市猿橋町猿橋
ホンアジサイ、ガクアジサイなど／3,000株／6月中旬～下旬

長野県 | **45**

高源院《こうげんいん》

〒389-2411
長野県飯山市大字豊田
6356
ガクアジサイ、園芸アジサイなど約20種類／800株／6月中旬～7月中旬

長野県 | **46**

弘長寺《こうちょうじ》(信濃あじさい寺)

〒399-0024
長野県松本市寿小赤
2004
ヒメアジサイ、ヤマアジサイなど90種類以上／1,000株／6月中旬～7月中旬

新潟県 | **47**

護摩堂山《ごまどうやま》あじさい園

〒959-1502
新潟県南蒲原郡田上町
大字田上（護摩堂山）
ガクアジサイなど多数種類／3万株／6月下旬～7月上旬

新潟県 | **48**

国営越後丘陵《えちごきゅうりょう》公園

〒940-2082
新潟県長岡市宮本東方町
字三ツ又1950番1
ガクアジサイ、アナベルなど18種類／1万8,000株／6月下旬～7上旬

富山県 | **49**

県民公園太閤山《たいこうやま》ランド

〒939-0311
富山県射水市黒河
4774-6
ガクアジサイ、ヤマアジサイなど約120種類／2万株／6月中旬～下旬

石川県 | **50**

倶利伽羅不動寺《くりからふどうじ》

〒929-0426
石川県河北郡津幡町竹橋
ク128（鳳凰殿）
ガクアジサイ、アナベルなど20種類／1,000株／6月中旬～7月中旬

石川県 **51**

本興寺《ほんこうじ》

〒920-0174
石川県金沢市薬師町ロ75
ガクアジサイ、ヤマアジサイ、カシワバアジサイなど／3,000株／6月下旬〜7月上旬

福井県 **52**

足羽山公園《あすわやまこうえん》

〒918-8006
福井県福井市足羽上町
ガクアジサイ、エゾアジサイ、コアジサイなど／1万1,000株／6月中旬〜下旬

福井県 **53**

若狭瓜割名水《わかさうりわりめいすい》公園（瓜割の滝）

〒919-1543
福井県三方上中郡若狭町天徳寺
1万株／6月中旬〜7月中旬

岐阜県 **54**

関市板取《せきしいたどり》21世紀の森公園あじさい園

〒501-2901
岐阜県関市板取2340
ガクアジサイ、タマアジサイなど／5万本／6月下旬〜7月上旬

岐阜県 **55**

あじさいの山寺 三光寺《さんこうじ》

〒501-2257
岐阜県山県市富永671-1
ヤマアジサイ、コアジサイなど200種類／1万株／6月上旬〜7月上旬

静岡県 **56**

三島《みしま》スカイウォーク あじさい散策路

〒411-0012
静岡県三島市笹原新田313
園芸アジサイ205種類／1万3,000株／6月中旬〜7月中旬

静岡県 **57**

加茂荘花鳥園《かもそうかちょうえん》

〒436-0105
静岡県掛川市原里110
園芸アジサイ約350種類＋育成中の選抜系統300系統／1,500株／5月下旬〜6月下旬

静岡県 **58**

下田《しもだ》公園

〒415-0023
静岡県下田市3丁目
園芸アジサイ、アナベルなど100種類以上／15万株／6月上旬〜下旬

静岡県 **59**

極楽寺《ごくらくじ》

〒437-1203
静岡県周智郡森町一宮5709
ヤマアジサイ、ガクアジサイ、アナベルなど30種類／1万3,000株／6月上旬〜下旬

愛知県 **60**

本光寺《ほんこうじ》

〒444-0124
愛知県額田郡幸田町大字深溝字内山17
ガクアジサイなど／1万株／6月上旬〜下旬

愛知県 **61**

鶴舞《つるま》公園

〒466-0064
愛知県名古屋市昭和区鶴舞1
園芸アジサイ、ガクアジサイ／2,300株／6月上旬〜下旬

三重県 **62**

かざはやの里 〜かっぱのふるさと〜

〒514-1138
三重県津市戸木町4096 伊勢温泉ゴルフクラブ内
約45種類／7万7,700株／6月上旬〜7月中旬

三重県 | **63**

大慈寺《だいじじ》

〒517-0603
三重県志摩市大王町波切409
ヤマアジサイ、ガクアジサイなど50種類／1,500株／５月下旬～６中旬

滋賀県 | **64**

もりやま芦刈園《あしかりえん》

〒524-0062
滋賀県守山市杉江町
アナベル、カシワバアジサイ、園芸アジサイなど100種類／１万本／６月上旬～下旬

滋賀県 | **65**

余呉湖《よごこ》あじさい園

〒529-0523
滋賀県長浜市余呉町川並
１万株／６月下旬～７月上旬

京都府 | **66**

三室戸寺《みむろとじ》

〒611-0013
京都府宇治市莵道滋賀谷21
ガクアジサイ、カシワバアジサイなど約50種類／２万株／６月～７月上旬

京都府 | **67**

善峯寺《よしみねでら》

〒610-1133
京都府京都市西京区大原野小塩町1372
園芸アジサイ、ガクアジサイ、ヤマアジサイ／約8,000株／６月中旬～７月上旬

京都府 | **68**

柳谷観音楊谷寺《やなぎだにかんのんようこくじ》

〒617-0855
京都府長岡京市浄土谷堂の谷２
ガクアジサイ、ヤマアジサイ、カシワバアジサイ／5,000株／６月上旬～７月上旬

大阪府 | **69**

大阪市立長居《ながい》植物園

〒546-0034
大阪府大阪市東住吉区長居公園1-23
カシワバアジサイ、アナベルなど／１万株／５月下旬～６月下旬

大阪府 | **70**

蜻蛉池《とんぼいけ》公園

〒596-0815
大阪府岸和田市三ヶ山町大池尻701
ガクアジサイ、ヤマアジサイ、カシワバアジサイ、アナベルなど約40種類／１万株／６月上旬～下旬

大阪府 | **71**

万博記念《ばんぱくきねん》公園自然文化園あじさいの森

〒565-0826
大阪府吹田市千里万博公園
ガクアジサイなど／4,000株／６月上旬～下旬

大阪府 | **72**

勝尾寺《かつおうじ》

〒562-8508
大阪府箕面市勝尾寺
ヤマアジサイ、ガクアジサイ、タマアジサイ、アマチャ／1,000株／６月上旬～７月中旬

大阪府 | **73**

大阪府民の森 ぬかた園地

〒579-8022
大阪府東大阪市山手町2030-6
ガクアジサイ、アナベルなど30種類以上／2万5,000株／6月中旬～7月中旬

兵庫県 | **74**

神戸市立森林植物園

〒651-1102
兵庫県神戸市北区山田町上谷上字長尾1-2
ガクアジサイ、ヤマアジサイ、エゾアジサイ、タマアジサイ、中国系アジサイなど350種類／5万株／6月上旬～7月上旬

兵庫県 | **75**

しい茸《たけ》ランド かさや 相野《あいの》あじさい園

〒669-1346
兵庫県三田市上相野373
ヤマアジサイ、ガクアジサイ、アナベルなど約100種類／2万株／6月中旬～7月上旬

奈良県 | **76**

長谷寺《はせでら》

〒633-0112
奈良県桜井市初瀬731-1
ガクアジサイ／3,000株／6月上旬～7月上旬

奈良県 | **77**

矢田寺《やたでら》

〒639-1058
奈良県大和郡山市矢田町3506
ツルアジサイ、中国アジサイなど約60種類／1万株／5月下旬～7月上旬

和歌山県 | **78**

あじさい曼荼羅園《まんだらえん》

〒649-2103
和歌山県西牟婁郡上富田町生馬313
約120種類／1万株／6月上旬～7月上旬

鳥取県 | **79**

逢束《おおつか》あじさい公園

〒689-2304
鳥取県東伯郡琴浦町逢束627
10種類／2,000本／6月中旬～下旬

島根県 | **80**

月照寺《げっしょうじ》

〒690-0875
島根県松江市外中原町179
ガクアジサイ、園芸アジサイ／約3万本／6月中旬～下旬

岡山県 | **81**

吉備津神社《きびつじんじゃ》

〒701-1341
岡山県岡山市北区吉備津931
ガクアジサイ／1,500株／6中旬～7月上旬

岡山県 | **82**

美咲《みさき》 花山園《はなやまえん》（美咲町）

〒709-3401
岡山県久米郡美咲町北2822
ガクアジサイ、ヤマアジサイ、エゾアジサイなど100種類／2万株／6月中旬～7月上旬

広島県 | **83**

三景園《さんけいえん》

〒729-0416
広島県三原市本郷町善入寺64-24
ヤマアジサイ、ガクアジサイ、アナベルなど100種類／1万株／6月上旬～7月上旬

広島県 | **84**

広島市植物公園

〒731-5156
広島県広島市佐伯区倉重3-495
ヤマアジサイ、ガクアジサイ、アナベル、カシワバアジサイなど／3,600株

山口県 **85**

果子乃季《かしのき》あじさい園

〒742-0021
山口県柳井市柳井5275
ヤマアジサイ、ガクアジサイ、アナベルなど約150種／２万株／５月下旬～７月上旬

山口県 **86**

東大寺別院《とうだいじべついん》 阿弥陀寺《あみだじ》

〒747-0004
山口県防府市大字牟礼上坂本1869
ヤマアジサイ、ガクアジサイ、園芸アジサイなど80種類／4,000株／６月上旬～７月上旬

徳島県 **87**

大川原高原《おおかわはら》

〒771-4102
徳島県名東郡佐那河内村大川原
アジサイ（青色）／３万株／６月中旬～７月中旬

徳島県 **88**

とくしま植物園

〒771-4267
徳島県徳島市渋野町入道45-1（緑の相談所）
ヤマアジサイ、ガクアジサイ、カシワバアジサイ、園芸アジサイ／4,000株／６月中旬～７月上旬

香川県 **89**

国営讃岐《さぬき》まんのう公園

〒766-0023
香川県仲多度郡まんのう町吉野4243-12
ガクアジサイ、ヤマアジサイ、園芸アジサイなど40種類／２万本／６月上旬～下旬

香川県 **90**

紫雲出山《しうでやま》

〒769-1104
香川県三豊市詫間町大浜乙451 - 1
ホンアジサイなど／6月上旬～7月中旬

愛媛県 **91**

松山総合公園

〒791-8024
愛媛県松山市朝日ヶ丘1丁目1633-2
ガクアジサイ、ヤマアジサイなど20種類／園内各所3,500株（アジサイ園は1,500株）／５月下旬～７月上旬

愛媛県 **92**

あじさいの里

〒799-0302
愛媛県四国中央市新宮町上山3322（上山簡易郵便局）付近
２万株／６月中旬～下旬

高知県 **93**

のいちあじさい街道

〒781-5221
高知県香南市野市町父養寺751
ガクアジサイなど約25種類／１万9,000株／６月上旬～下旬

高知県 **94**

高知県立牧野《まきの》植物園

〒781-8125
高知県高知市五台山4200-6
ヒメアジサイ、ヤクシマアジサイ、ヤマアジサイの園芸品種など約80種類／５月中旬～６月中旬

福岡県 **95**

金山《かなやま》アジサイ園

〒822-1300
福岡県田川郡糸田町244
ヤマアジサイ、ヒメアジサイ、園芸アジサイなど15種類／7,000株／６月上旬～７月中旬

福岡県 **96**

千光寺《せんこうじ》

〒839-0827
福岡県久留米市
山本町豊田2287
ガクアジサイなど／7,000株／６月上旬～下旬

佐賀県 **97**

見《み》帰《かえ》りの滝

〒849-3223
佐賀県唐津市相知町伊岐佐
ガクアジサイ、ヤマアジサイなど約50種類／４万株／６月上旬～下旬

佐賀県 **98**

中木庭《なかこば》ダム

〒849-1314
佐賀県鹿島市中木庭
ガクアジサイなど／7,000株／６月上旬～下旬

長崎県 **99**

シーボルト宅跡《たくあと》

〒850-0011
長崎県長崎市鳴滝町２丁目
'オタクサ'など10種類／400株／５月下旬～６月上旬

長崎県 **100**

世知原《せちばる》あじさいロード

〒859-6403
長崎県佐世保市世知原町上野原（石坂ため池～山暖簾）
１万本／６月上旬～７月上旬

熊本県 **101**

住吉《すみよし》自然公園

〒869-0401
熊本県宇土市住吉町
ガクアジサイなど／2,000株／６月上旬～下旬

大分県 **102**

響山《ひびきやま》公園

〒879-0492
大分県宇佐市大字四日市小菊地
3,000本／６月上旬～中旬

大分県 **103**

普光寺《ふこうじ》

〒879-6213
大分県豊後大野市朝地町上尾塚1225
2,000株／６月上旬～下旬

宮崎県 **104**

桃源郷《とうげんきょう》岬《みさき》

〒889-0602
宮崎県東臼杵郡門川町庵川
ガクアジサイ、アナベルなど120種類／200万本／５月下旬～６月下旬

宮崎県 **105**

都井《とい》岬《みさき》

〒888-0221
宮崎県串間市大納御崎
１万株／５月中旬～６月下旬

鹿児島県 **106**

東雲《しののめ》の里

〒899-0341
鹿児島県出水市上大川内2881
ヤマアジサイ、園芸アジサイなど160種類／10万本／６月上旬～下旬

沖縄県 **107**

よへなあじさい園

〒905-0221
沖縄県国頭郡本部町伊豆味1312
ガクアジサイ、ヒメアジサイ、園芸アジサイなど約40種類／１万株／５月中旬～６月下旬

アレンジして楽しむ

1 アジサイの生垣をつくる

他の花に比べて花冠が大きく、見応えがあるのがアジサイの魅力の一つ。そうした魅力を活かしたアジサイの生垣をつくるためには、丈夫で花つきの良い品種を選びましょう。一般的に、ホンアジサイを含むガクアジサイの原種、ヨーロッパからの里帰り品種で日本の気候に馴染んで丈夫に育つアジサイ、そして「ダンスパーティー」や「コサージュ」などの庭植えに適した園芸アジサイがおすすめです。

西日だけが当たる場所には、耐

ガクアジサイで小さく栽培できた例

ヤマアジサイ「九重至宝」の盆栽

暑性があり乾燥に強い北米原産のアジサイなどが適します。建物の北側に垣根をつくるならヒメアジサイやヤマアジサイ、半日陰向きの園芸アジサイが適しています。

アジサイは落葉するので、冬季は見た目が少し寂しくなります。夏に休眠して冬に咲くクリスマスローズやスイセン、ネリネなどの球根を株元に植えておくと良いでしょう。常緑で冬に咲くカンツバキやナンテンを数株おきに植えておくのもおすすめです。

2 アジサイの盆栽をつくる

小さく仕立てて自然美と人工美の調和を楽しむ盆栽。現在、盆栽として栽培されるアジサイの多くはヤマアジサイです。葉が小さく、株全体が小型のヤマアジサイは、幹が比較的細くて曲げやすく、株が小さいながらもたくさんの花を咲かせてくれます。

ガクアジサイや園芸アジサイは、盆栽とまではいかなくてもミニ鉢で楽しむことができます。次の年に蕾をつけそうな枝を初秋に挿し木をして育てると、8~9カ月後に小さな鉢で花を咲かせます。

盆栽は鉢植えですから、日常の

管理が大切です。置き場所は、風通しが良く、午前中は日が当たり、午後は明るい日陰になる場所が適します。夏季は日除けが必要で、小型の鉢を用いる場合も多いので、水切れに注意しましょう。施肥は春と秋に一度ずつ。花後に株が大きくなりすぎないよう、剪定も必要です。基本は古い枝から伸びた新梢を一節残し、そのすぐ上から切り取ります。

盆栽には針金かけがつきものですが、アジサイではあまり使われません。古い枝を曲げようとしても折れてしまうためです。曲げる場合は新しい緑色の枝のうち（適期：6～7月）に行いましょう。

盛って楽しむ

3 アジサイフラワーアレンジメント

切り花のアジサイは一輪挿しも素敵ですが、色のバリエーションを楽しむように盛ったり、ほかの花とアレンジするなど、それぞれの創意で楽しんでみましょう。最近は、手水鉢《ちょうずばち》に花を浮かべた花手《はなちょう》

ほかの花とアレンジして楽しむ

Side Note 20

ランドスケープでアジサイが注目されるのはなぜ？

近年、スマートシティ実現などの動きにより、全国的に都市の再開発が計画されています。街づくりの一環である植栽樹種の選定はとても大切な作業で、地球温暖化などの気候変動にも強いとされているアジサイは、修景用の植物として人気が高まっています。

北米原産などのものもありますが、私たちが目にするアジサイの多くは日本原産の植物であり、わが国の環境はアジサイ栽培に適しています。比較的病害虫の被害が少ないこともあり、年間の管理も容易（ローメンテナンス）であるといったことも人気の背景です。

従来の品種は、弱酸性土壌の日本では青や白の花が多くを占めていました。ところが最近では、用土のpHに関係なくピンク色や赤色に咲く品種や、長期間鑑賞できる四季咲き性などの品種改良が進んでおり、そのような観点からも利用価値の高い樹木として期待されています。

水《ず》が見られる神社やお寺も増えており、5～6月にはアジサイの花手水を楽しむこともできます。

4 アジサイのドライフラワーをつくる

色鮮やかに咲いているアジサイは水分量が多く、部屋に吊るし干ししてもきれいなドライフラワーには仕上がりません。そのままの色を保つには、ドライフラワー用シリカゲルを使ってプリザードフラワーにします。

①一度水揚げをしてピンとした状態にする。
②花首の2cmほど下を切る。
③ビンにシリカゲルを1cmほど入れ、その上にアジサイを乗せる。
④花をつぶさないように静かにシ

アジサイの花手水

スワッグ

アジサイ・ドライフラワーのクラフト

リカゲルを振り入れ、埋める。
⑤ビンに蓋をして1週間で完成。
なお、大きな花冠のアジサイを用いる場合は、花房を小分けにしてつくると良いでしょう。

ほかにも「秋色アジサイ」は秋になると水分量が少なくなり、日光に当たった部分が赤みを帯びてアンティークカラーになります。花に厚みが出るのでドライフラワーに向いています。天気の良い日に風通しが良く、直射日光の当たらない場所に吊るしておきます。

アナベルも水分量が少ないのでドライフラワー向きです。白から緑色に変わり茶色になる前に採取し、すぐリースやスワッグにして、そのまま乾燥させます。

One Point講座

華道とアジサイ

花芸安達流
二代 安達瞳子

初代 安達瞳子の作品

二代 安達瞳子の作品

私たち日本人は、若葉を水盤に浮かべても、紅葉の枝を籠に挿しても「花を生けた」と言います。植物には、四季の変化と生命のリズムがあります。その植物の、その季節ならではの力を発揮して輝いたときこそが「花」なのだという考えに到達したに違いありません。また、作品は自然空間から生活空間に移動しただけでは、本当の意味で「花を生けた」ということにはなりません。植物それぞれの個性と、生ける人の個性が重なって、自然のまま以上に輝いたときに初めて作品となり、花が「花」になるのです。

アジサイは、私にとっては小さな頃から身近にある植物でした。初代とアジサイの撮影で相模原北公園に行った時、こんなにもたくさんの種類があるのかと驚いたのを覚えています。当時の私は真っ白なアナベルの群生に心を奪われました。真っ白でふわふわとした大きなアジサイを一房一房ドキドキしながら生けたのを忘れることができません。

切り花としては決して水揚げの良い花材とは言えません。切った時の処置が肝心です。極力水から離さないように気をつけ、今でもアジサイと出会った頃に感じた初心を思い出しながら、新しいアジサイの「花」を見つけられるように生けています。

おわりに

日本から中国を経由してヨーロッパに渡ったため、アジサイは中国原産の植物だと、海外の研究者ばかりでなく、日本国内でも広く信じられていた時代がありました。そうした中で、アジサイは日本原産であると正すことを最大の目的として日本アジサイ協会を設立し、「日本原産であるアジサイの発展」のために種々の活動を行ってきて四半世紀以上が経ちました。本書でも紹介した通り、ＤＮＡ解析により、世界各国で栽培され、品種改良が行われているアジサイの原種は、日本の固有種であるガクアジサイ、エゾアジサイ、ヤマアジサイであることが明らかになったのは、つい最近のことです。そして、園芸アジサイの品種改良が目覚ましいことから、アジサイは鉢物や切り花として愛される花となり、自生種は野生動物による食害や自然交雑からの保護が急務となりつつある趨勢の中で、本書編著の依頼を受けました。アジサイの素晴らしさを一端でもお伝えしたいと、協会内で編集委員会を立ち上げ、一冊の本にまとめられたことを、今は亡き大先輩の山本武臣氏、藤井清氏をはじめ、アジサイの普及に関わった多くの方に喜んでいただけるものと自負しています。

本書の制作にあたっては、多岐にわたるアジサイの情報を得るために、多くの方にお力添えいただきました。アジサイの色に関する研究の第一人者である吉田久美氏、育種家の一江豊一氏、ヤマアジサイなどの生産を手がける御殿場農園、園芸アジサイの流通を手がける㈱フラワーオークションジャパン、風景写真家の瀬戸豊彦氏、花芸安達流の二代 安達曈子氏をはじめ、ご協力くださったすべての方に、この場を借りて御礼申し上げます。そして、本書の刊行にあたり緑書房の方々には大変お世話になりましたこと、感謝申し上げます。

本書を読んだ人が、より一層アジサイを好きになっていただけたなら、編者一同望外の喜びです。

２０２４年８月

日本アジサイ協会 編集委員一同

写真提供者一覧

（五十音順）

本書の制作にあたり、下記の方々には貴重な写真のご提供を賜りました。
ここに厚く御礼申し上げます。

二代 安達曈子（花芸安達流）
池田真樹
一江豊一（加茂荘花鳥園）
群馬県農政部野菜花き課
御殿場農園
㈲さかもと園芸
杉本佳洋（グリーン・ライフ）
瀬戸豊彦（風景写真家）
仙台科学博物館
高橋康弘（㈲大栄花園）
童仙房ナーセリー
ハクサンビズ（㈱ハクサン）
㈱フラワーオークションジャパン

（敬称略）

日本アジサイ協会（にほんあじさいきょうかい）

アジサイが日本原産の植物であることの周知、ならびに日本でのアジサイ普及を目的として1998年６月６日に設立。会員構成は、アジサイ愛好家、育種家、生産者、研究者など多様。活動として、会員間の親睦を図る行事開催をはじめ、海外の研究者やアジサイ団体との交流、アジサイ属植物に関する調査研究、新品種の作出、伝統的栽培品種の保護・保全、アジサイの普及に資する諸事業などを手がけている。
ホームページ　**https://nphydrangea.com**

アジサイの教科書

Midori Shobo Co.,Ltd

2024年９月10日　第１刷発行

編　者　日本アジサイ協会
発行者　森田浩平
発行所　株式会社緑書房
〒103-0004
東京都中央区東日本橋３丁目４番14号
TEL 03-6833-0560
https://www.midorishobo.co.jp

編　集　島田明子、石井秀昌
イラスト　村野千草（Bismuth）
カバー・本文デザイン　三橋理恵子（Quomodo DESIGN）
印刷所　TOPPANクロレ

ISBN978-4-89531-989-8　Printed in Japan